贏在勝任力

迎接 VUCA 時代的人才新戰略

勵活課程講師群 著

推薦序

從正心修身到誠意致知的十五項修鍊

華潤醫療青年工作委員會會長 付燕珺
華潤醫療青年工作委員會副會長 曲紹東

勝任力的概念從七〇年代誕生開始，目的就是為了把卓越成就者與普通者區別開來。目前普遍共識認為勝任力包含的各種因素中，絕大多數可以通過培訓來進行提升，處於人格最深層次的動機和特質兩個方面，雖然存在培訓困難，但是也不是完全不可為，對此，本書都會有一定的涉獵。

從組織的角度，華潤醫療集團於二〇一五年成立了青年工作委員會（以下簡稱青委會），其成立目標中就包含了「搭建青年人成長的平台」和「建立一支各級管理團隊的後備軍」。為了達成這兩個目標，青委會為會員們建立了定制化的勝任力模型。通過對會員們勝任力的持續培養，華潤醫療青委會幫助會員們不斷提升自身的管理能力，並令會員們的心態與態度更加積極。同時，會員們就自己的所學所思所感所想也發自內心的主動分享給周圍的同事們，從而讓集體中更多的人能夠同時受益。

給華潤醫療青委會提供勝任力培訓的講師們，則恰恰有本書的作者團隊。目前看來，勝任力的培訓還是取得了不錯的效果，每年至少有百分之三十的青委會的青年人才會從眾多的員工中脫穎而出，成為技術骨幹、管理能手。

從個人的角度，本書亦可作為青年人的第一本職業能力工具書，成為有抱負者走出目前困境的墊腳石。此書將所有涉及的勝任力知識歸結為個人勝任力、人際勝任力、和認知勝任力三大部分，由淺入深進行佈局。《禮記．大學》云：「古之欲明明德於天下者，先治其國；欲治其國者，先齊其家；欲齊其家者，先修其身；欲修其身者，先正其心；欲正其心者，先誠其意；欲誠其意者，先致其知，致知在格物。」本書的三個架構，恰恰對應了正心修身、齊家治國、誠意致知三個方面。首先講了個人能力相關知識，然後是提升社會能力，最後是根本性的自我認知能力提升。儒家千年的思想與最新的知識，在這裡形成了辯證的統一。

此書的十五個章節由完全不同的十五位作者各自完成，既有整體結構的完整性，又保存了各個章節的獨立性，因此各位讀者讀起來，完全可以「從心所欲不踰矩」，既可以按照作者的思維由淺入深，層層深入；也可以按照儒家「正心、修身、齊家、治國、平天下」的順序來讀；更可以作為工具書，需要哪一個能力就從那一章節入手。且此書中每一篇都結合了講師的經驗及閱歷，讀起來生動活潑而不枯燥。

湯之《盤銘》曰：「茍日新，日日新，又日新。」，《易》曰：「剛健篤實，輝光日新」，望本書能夠幫助讀者每日學習一點兒新知識，每日都有一點兒新提高。

推薦序

職場就是一場人生大戲

迷客夏副總經理／職場作家　吳家德

先說一個大家都可以理解的概念。

一位演員，他飾演一名律師，因為演技精湛，表現得出神入化，得到評審青睞而得到奧斯卡最佳男主角獎。請問，這個律師角色是他真實人生的身分嗎？當然不是，因為他真正的職業是演員，不是律師。

接著，他因為聲名大噪，評價甚高，被其他導演相中，又陸陸續續演了醫師、業務員、水電工人、籃球選手、大老闆等身分，也都能轉換角色，恰如其分，把每一場戲表現得稱職無比。

我要說的概念就是：當一位好演員，就是要樂於挑戰每一種角色，並且竭盡所能地揣摩最適化的身分，讓掏錢看戲的觀眾如癡如醉，值回票價。

拉回來說，我想要告訴讀者一件事：職場就是劇場，每個人都是演員，但都飾演屬於自己最真實的角色。演得好，薪水一定好；演不好，酬勞必不好。而演得好不好的關鍵，在於「勝任力」。

「勝任」兩字，說來簡單，做來不易，因為世界上唯一不變的就是變。要勝任愉快，就要不斷地與時俱進，看懂趨勢，才能小心駛得萬年船。

人很容易在安逸之後不求上進，或習慣之後不求改變，這都是危險的訊號。我喜歡在演講場合，用兩句話告訴聽眾關於「終身學習」的重要性。第一句：「今日的優勢會被明日的趨勢取代。」；第二句：「今日若不接受教育，明日必然接受教訓。」想要表達的是，打造職場競爭力，吃香喝辣就有利。

這本好書，集結十五位作者的生命閱歷與故事，彷彿就是讓你欣賞十五場微電影，用小錢買到大智慧，非常的划算，也是我樂於推薦的原因。

人生如戲，戲如人生。演什麼，像什麼，就是這本書的核心價值。

推薦序

轉型、跨界、斜槓前必讀

《Career》職場情報誌總編輯 **吳永佳**

近數年來，職場世界圍繞著數位經濟、智慧物聯、生醫照護等科技領域的創新突破，顛覆了許多產業的樣貌。一方面它可能會使能透過電腦邏輯演算、機器人動作取代的工作職位消失，但另一方面也出現了前所未聞的新興職務，或提高了某些職務的原有價值。

我們必須正視的事實是，科技將重塑就業市場的態樣。我們正體驗工作型態因科技發展而必須轉型，持續挑戰我們過去認知的所謂「工作」。現在職場普遍被重視的能力，未來不見得適用，職場重點工作技能持續轉變中。世界經濟論壇（World Economic Forum）之前在討論未來工作樣貌時就指出，三十五%的工作技能，在未來五年內都會被改變。

過程中，企業也正在思考利用新興技術來創造高生產效率與消費動能，進而形塑了新的商業模式，也帶動全球勞動力市場經歷重大轉變。當眺望工作的未來，我們經常談論的是職位：哪些職位會被AI人工智慧取代？哪些會愈來愈搶手？但是現在以職位區分的工作愈加模糊，世界經濟論壇的一份報告即指出，我們應該轉向關注技能。

鐵飯碗生鏽 你是「新無用階級」嗎？

世界經濟論壇的調查同時點出幾個關鍵就業趨勢，其一是人力與工作配置的轉變：現有重複性高的基礎工作將由機器取代，期待將人力運用於可為企業創造價值的角色上，同時企業也考慮採用專業外包廠商以及遠端人員等更富彈性靈活的策略性人力運用方式；另一個是員工重新培訓的必要性：超過一半現有員工需要額外的專業技能培訓〈例如寫程式〉；也有企業家指出，新技術熟練程度提升並不足以支撐企業成長，思維面與管理力的提升仍有其價值，且重要性日益增加。

在企業尋求快速轉型的壓力下，既有員工的內部培訓已不及應對，人資單位面對的課題是考慮對外「買進」外部人才，講究的是「即戰力」，可立即上戰場衝鋒陷陣。同時人才也追求年輕化，不難看見某些企業，一邊資遣資深老鳥，另一頭則在廣徵新血。

明顯地，雖然許多人說新科技、新經濟在消滅某些工作的同時，也創造了新的工作機會及職務，問題是，那些失去工作的人們，是否都能順利轉型接手新的工作機會？答案顯然不是如此。當原本的「鐵飯碗」生鏽，如果不想淪為社會上的「新無用階級」，每個身處職場的工作人都必須持續學習精進，透過有效率的學習，去適應數位大環境，包括思維、技能、行為、關係的全面提升。

不同階段的工作者 都能從此得到啟發

說了這一大串趨勢，回到我現在拜讀的這本《贏在勝任力》，可以說它出現得正當其時！面對變動異常迅速的就業環境，傳統的專業技能〈硬實力〉顯然已不敷使用、亟須更新，每個人都在焦慮思索，「迎接未來時代的關鍵能力，究竟是什麼？」而本書，便嘗試提出非常具體、而完整的解答。

這本書從三大面向下手，包括個人面、人際關係、及認知系統，從個人及於人我關係，由外在能力及於內在思維，涵蓋完整。更特別的是，正因為這些能力涵括廣泛，且其中有幾種，在目前的台灣還是相當新的提法，論述稀少，例如迭代能力、內外部人才協作、價值聚焦、需求產品化等，所以本書不是由一位大師所完成，而是集結了十五位在個別領域鑽研探索有成、且實務經驗豐富的講師，各自針對他們最擅長的領域，分享每種能力的精髓真義、時代的重要性、如何應用於工作與生活、以及可以如何訓練養成等等，對於廣大的讀者來說，無論你是職場菜鳥、資深工作者、專業經理人、非典型工作者、甚至是創業家，其實都可以自其中得到啟發、以及個人工作轉型、或嘗試跨界的最佳參考；而對於身負企業轉型、人才培訓重責大任的人資工作者來說，本書更是您當前案頭必備書！

我的工作是必須持續關注職場動態的，有時，觀察愈多，焦慮愈盛，迷惘也更多。在這樣的大環境下，許多人已罹患資訊恐慌症、及學習上癮症。個人建議，學習是沒錯，但無論是吸收資訊、學習或閱讀，我們都有必要更有意識、更有選擇性地去投注心力時間，而非人云亦云、瞎學瞎撞，上了一堆課程，卻不知自己所為何來。而本書提供的許多觀念，不是二手知識的抄襲堆砌，我覺得直指核心，閱讀後受益良多。許多理論或方法，不是說我都沒聽聞過，但因為每位老師有他獨特的談法，將之與自己的職場實戰經驗相印證，又帶給我一些新的體悟，頗有溫故知新的感受。

因此，也希望大家跳著讀、選篇讀、書桌前讀、車上翻閱……，怎樣享用都好，期待你每次捧讀，都能迸現新的洞見與靈感！

推薦序

進入F1賽場的門票

TalentFirst 負責人／人力資源專家 **黃至堯**

通過 Nick 認識大鼻一段時間，他幫我們上很多課，學員反應他是一個有熱忱、有理想的老師。而我認識的大鼻，除了教學就是忙於公益！

這本書集合十多位老師的經驗知識，共分三部分：Y.個人勝任力、P.人際勝任力、C.認知勝任力，完成本書是一件不容易的事，期待讀者能吸收老師們在文中的精華，並轉化為行動！

好比F1賽道上大家看到的只是賽車手，然而真正的競爭則是結合技術、工程、心理、軟實力、科技、品牌、贊助商等「跨界」綜合能力的競爭。

本書中所提到的勝任力，都是進入F1賽場的門票！提醒大家，想要持續在賽道上領先，以下三點須牢記：

(1)局部優勢

單打獨鬥時代早已過去，企業要有競爭力需善於整合資源，《美第奇效應》一書中提出思維分為單向和交叉，不同領域發生交叉碰撞時，能獲得1+1>2的效果，善用局部優勢與創新，將發揮最大效益！

(2)速度

客戶不能也不會等，企業消失就是因為對應外部變化的反應速度太慢。索尼帝國衰落、柯達破產、諾基亞手機消失……都是例證，不能在第一時間對外在的變化作出反應，關注創新為未來作準備，羅馬帝國也有衰亡的一天。

(3)團隊執行力

擁有Great Idea〈好想法或商業模式〉當然重要，但通過團隊將想法落地執行更重要。現在絕對是強調個體不忘抱團的時代，有人才有想法並能夠創造價值，伯樂自然會找到你！

好好閱讀本書，期待與您在年薪千萬的賽場上相見！

作者序

未來已來，VUCA不卡

職涯顧問師 **陳志欣／Terry**

走進大專院校的演講廳、就業中心的教室、徵才博覽會的活動會場、企業培訓的場地，面對形形色色、背景多元的學員，大家抱持的心態不盡相同，唯一交集處，是他們〈或其關係人〉都意識到或面臨到個人工作的困境。其中，有人年紀偏長，有人技能已不敷使用，有人不確定自己的方向，有人則對薪資待遇感到不滿意。

面對學員們五花八門的求職困境，在課程推進過程中我發現有其共同點，那便是危機意識趕不上職能變化，職能變化又難以因應時代環境的變遷。但何其幸運、也何其不幸的是，我們正面對VUCA時代的高度變化、充滿不確定性，造就職務界定愈來愈跨界，職能所需愈來愈多元。

而勝任職務的能力，多年來佔據企業人才發展的關鍵之地，但挑戰也愈來愈艱辛，「過往的成功已難成為未來的成就」，而放下過往專業技能又不免惋惜。到底人才技轉該如何建構？企業人才梯隊又該如何發展？似乎成了這時代下的人才之淚〈累〉，此為該時代的不幸；但幸運的是，時代的問題解答，就藏在時代趨勢中。

人力短缺與學以不致用的轉機

一如既往走進了演講場合，談的是現下流行的議題「斜槓青年」，回顧講師專業一路走來，這種工作型態，不正就是斜槓變現的模式之一嗎？因此，確定自己的課程方向及內容後，再彙整這些年來，從尚未成功到正在成功路上的斜槓歷程，將多年的心得、方式整理成兩個小時的課程講座，並嘗試運用抓眼球的互動遊戲模式，站在聽眾面前。此時，職業性的自信油然而生。

開頭介紹完背景經歷後，赫然發現底下聽眾的專注度呈邊際效益遞減，講師內心世界的小劇場也開始上演：「是我準備的方向不對？互動手法不吸引人？講錯話？還是……？？？」就這樣，經歷了一場講師尊嚴遺失的兩小時講座後，在一位具有博士背景的學員提供的意見回饋中，小劇場終於得以謝幕。

「這個主題之前有聽過其他講者聊過，但不同講師有不同的認知跟方式，加上過往所學的又和這個方向不太一樣，即便講師將其關聯性結合在主題中，而自己也嘗試吸收轉換，但若能有系統性的整合，明確告訴我們，我們缺什麼，跟需要的能力在哪，也許會更能實際應用，他說。」

「明確告訴我們缺什麼跟需要的能力在哪？」這句話誘發我做了深層思考。如果培訓課程是賦能的過程，那企業規劃的內外部培訓資源、在職訓練、大專院校的實習活動、課程學分、與職訓單位的技能養成，都是賦能方式，而這些方式，往往也會跟隨趨勢變化逐漸調整。那麼，人力斷層、學以不致用的問題，放在培訓課程中，可以做什麼樣的調整與改變？VUCA 的多變性及複雜性，會讓這個答案有更加「明確」的方向嗎？

遇到了勵活文化，認識了上海一勢諮詢顧問公司的 Nick 後，從他們多年專業架構推展的「勝任力系統」及「企業學院」中，我看見了可能的答案。原來運用「勝任力系統」導入，讓企業的培訓從單點式轉變成類似大專院校的學院概念，其運作的原理是以工作崗位為導向，但不再是單點式的授課賦能來「解決現在乃至於未來問題的技能」，而是提供系統性的課程，要訓練學員能夠「適應未來問題發生的可能性」，這似乎與芬蘭教育、以及台灣二〇一九年推動新課綱的素養教育不謀而合，而這個適應賦能，就是本書的知識架構。

適應力、素養教育、賦能系統化

深入研究勝任力的概念，如同台灣幾年前由政府單位推動的職能鑑定的概念一般，探索面對到該工作崗位應該具備「勝任職務的能力為何」，是職能也是勝任力存在的價值及其原因。因此，本書為了達到這個目標，將以「適應未來問題發生的可能性」做為書籍的主軸，概分成三大系統，分別為強調 Part1——個人的適應力、Part2——人際間的素養教育與 Part3——認知的賦能系統，分別描述介紹如下：

Part1：個人的適應力（Yourself，簡稱Y）

從學習力、領導力、解決問題策略、需求產品化、專案管理等五項勝任力指標，概談人才面對到新秩序的產生、新技能的挑戰、新資訊的衝擊、新環境的規範，如何去因應並快速適應這些新趨勢帶來的不適感、恐慌與焦慮。當中學習力更是重中之重，「學習如何學習」、「檢視自己的學習狀況及欲望」、「辨別自己的學習途徑及效能」，處身資訊過剩的時代，人才如何以最高CP值去配置自己的技能、知識組合，為其個人適應力的一切知能基礎。

接續的專案管理、領導力，則是將引導技巧體現在工作崗位中必要的技能。二〇一九年世界經濟論壇中，創新工場李開復先生在論壇中提及，未來四型人才：創新型、複雜型、手工靈巧型跟關懷型，而引導技巧的體現，就是四型人才中一個很重要的人才元素，溫度暖心的管理應用。

需求產品化，則是在產品、服務成形階段，了解到市場的痛點與缺口，結合自身優勢，提供解決痛點的服務／產品，最後再以解決問題策略貫徹精實創業的最後一哩路，快速試錯以開展策略方針，建立個人／企業的絕對優勢。

Part2：人際間的素養教育（People，簡稱P）

同理心、人際關係、價值聚焦、教育訓練能力、內外部人才協作等五項勝任力指標，是以AI人工智能的「現階段」不足處，來放大人才優勢，即為溫度感與人文情懷的養成。若AI機器人代表的是效率、理性與冰冷，那人才的對比關鍵字應為適應、感性與熱情；而實踐上述對比關鍵字，莫過於人際間的往來互動。

關於同理心的解讀與說明，有許多註解，在本書中，「聽見你最想說的話，了解你每個感受與需要」，充份奠定人際素養的核心構成要素；而人際關係與內外部人才協作，論及「連結」二字，不論是人際間的連結、人機間的合作，都足以佐證古老智慧——人乃群居動物，在此高度競合世代中，更是如此；價值聚焦幫助你看見短暫但愈來愈延長的人生旅程，貫徹「珍惜且把握當下」，讓「時間就該浪費在美好的人事物之中」這樣的奢侈與您共享；教育訓練能力則能助您在知識內容經濟時代，將您這位素人專家的專業移轉至他人身上，創造出獨特的個人價值與魅力，連結他人、共創環境。

Part3：認知的賦能系統（Cognition，簡稱C）

正向影響力、樂於助人、迭代能力、成功的意願、思辨能力等五項勝任力指標，在本書中為三大類別勝任力的底層知能。

在《精準學習》一書中，作者成甲老師提到「臨界知識」一詞，其定義與解釋為：能夠運用到多個領域的知識。而認知的賦能系統，其功用即為創建個人具備臨界知識的涵養。

以成功的意願來看，從字面上意思解讀，似乎沒有人不具備，但若轉換為實際行為模式，成功的意願應為：「為了達到成功目標，而願意採取相對應的行動，而這個行動過程，可能是不會舒服、辛苦，甚至會讓自己心灰意冷的過程，但仍願意去執行。」有了這樣的意願帶動行動，即便失敗或方向錯誤，仍能不斷修正、堅持目標，最後達到愈來愈好的境界，實現愈挫愈勇的迭代能力。

而思辨能力從前陣子的《正義：一場思辨之旅》這本暢銷書的概念，結合歐美熱門的哲學課程來看，思辨能力將能助您在紛擾、雜訊過多的環境中，去蕪存菁，看透事物本質，混沌中卻能清晰處事，達到知其所以然而為之的境界。再以樂於助人與正向影響力，發揮個人魅力及建構個人社會責任，影響周遭人物事。

眾人智慧的啟發

三類系統、十五項勝任力行為指標，彙集十五位在線講師的智慧與經驗，催生本書問世。它不會是一本工具書，卻將是一本嘗試給出時代答案的啟發書！

職務勝任的概念一直都是人才養成重點，而新課綱的上路、芬蘭教育的成功、教練式引導的盛行、思辨訓練的受重視，在在說明著人才硬技能已經是成功的最基本要素，而《贏在勝任力》則在每個讀者不同的最基本要素中給予一個共通語言、方向，以系統性結構，讓獨特的您找到各自需要釐清的答案。

Contents・目錄

個人勝任力

人際勝任力

認知勝任力

Y
Part 1

個人勝任力

學習力
領導力
解決問題策略
需求產品化
專案管理

Y1 學習力

陳韋丞

陳韋丞的學習力金鑰

高效學習，讓你從容面對未來變局。

從高中時代，我就一直在思考：未來要做什麼，什麼行業適合自己，而我又要達成什麼樣的人生目標？因為覺得迷惘、想要了解自己，我認為心理學可能是最好的學習管道，所以我努力考上心目中的第一志願——台灣大學心理學系。

在大學生活中，我努力學習，希望找到自己的路，但卻失望了，我發現有些心理學家的理念，與他們諮詢分析的方式，我並無法完全認同，於是我開始尋求另一條道路。

因為對於企業管理及工商管理很有興趣，於是在大學畢業後，我決定就讀台灣大學心理學研究所工商心理學組。在研究所裡，我們探討的是心理學在企業組織管理及領導統御上的運用，例如管理者如何運用心理學的技巧，找到適合的領導行為，去改善員工的心理狀態、工作態度，以提高績效、激勵創造力、及鼓勵建言。這很像是一個企業顧問的角色，只是從心理學的方向切入到企業管理的部份，而使企業更加茁壯成長。

進入職場 就是將理論驗證實務的轉化過程

研究所畢業後，我進入了「1111 人力銀行」，從事職業生涯心理測驗系統的研發，這工作運用到許多我曾在學校中所學習到的知識。測驗系統包含了「職業價值觀」、「職業興趣」、「多元智能」等等，偏重在職涯分析常用的心理測驗。

在這個階段，我學習了很多。由於在學校裡面，心理學一直屬於比較「專業」的知識，學院中溝通的方式、運用的語言，也比較抽象化；例如，我們需要「可以被量化分析」的資訊。

但切換到職場後，當我要進行專案時，除了設計心理測驗，還要從事網站規劃，並且得用「能被聽懂」的語言，來跟電腦工程師們討論，才能達到專案要求的目標。在這段期間內，我學習了許多「跨界的」、過往從沒接觸過的知識，也學習了很多溝通的方法，這些對我相當有幫助。

也是在 1111 人力銀行就職的這段期間，我踏入了講師的工作。因此我常常需要到學校，訓練學校的老師們使用我所設計的心理測驗系統，也要協助學校的同學們找到自己的性向，並選擇比較適合自己的工作。

同時我也得到一些機會，到學校演講，提供同學心理資訊，並在大學擔任生涯輔導等課程的講師。

我終於找到方向 成為專業生涯／職涯諮詢師

經歷 1111 人力銀行的工作經驗，讓我決定朝向生涯諮詢及職涯諮詢這條路發展；在工作期間，我考取了「NCDA 國際生涯發展諮詢師」證照。

對於人生的未來及職場的規劃，自己曾經歷一段漫長的迷惘期，因此在找到了諮詢師的方向後，我希望能幫助別人，更快、更清楚地找到自己想做的事。

由於自己經過心理學的專業訓練，我能運用觀察的天賦及科學的工具，因應不同個人的特質，協助他們準確地掌握職涯的趨向。

無論是演講、學校裡面的課程、以及基金會或者公益團體的講座，針對議題，我會盡力提供完整並有深度的內容，並用清楚且深入的方式共同探討，結合相關學術研究的結論，幫助大家得到需要的知識。

近年來，除了生涯及職涯的諮詢，我的教學面向，也逐漸走到「企業管理」及「人力資源」方面，包括在職場溝通、向上管理、工作態度及職業生涯探索。我擅長迅速抓到問題的重點，運用心理學的技巧，給予解決問題的方向，並有效率地解決問題。

「幫助別人」，是我喜歡做的事，也是我認同的人生觀。而在這樣的過程中，我能與大家分享更好的想法、更佳的做法，互相學習，並讓自己的教學手法益加精鍊，並且讓自己的人生更有內涵！能夠這樣結合價值和熱情，我覺得是很幸運的事。目前我接觸到的講題很多元，職場和心理學相關的主題都會遇到，接下來的目標是想要創立個人的特色課程。

學習是一生的課題 但有三要件

我覺得自己是個「學習狂」，很喜歡學習，也很專注於學習。我相信，在生涯的每個階段，我們都需要不間斷的學習。關於學習力的發展，我們可以分為三個階段及要件來談。

(1)要有學習的動機。

學習的動機，來自外在及內在兩個方向。外在方面，例如剛進入職場、面臨新的環境，你不得不學習如何與新同事相處及溝通；例如更換新的職業，你需要學習新的專業知識及技巧。

而內在的學習動機，則比較來自於喜好和熱情，例如你想買部新車，所以必須開始蒐集各種車子的資料，比較價格，聽從家人的意見，然後選擇最適合需求的車；更簡單的例子是，你希望家裡多些生氣，於是買了盆栽，並開始學習如何栽種它。

(2)要有學習的能力。

很多人以為，學習的能力與智商〈IQ〉有關。我覺得關係是有的，但並不絕對。從心理學的觀點來看，每個人都有不同的特質，如果能因應自己的風格，找到適合自己的學習模式，那麼就能達到最佳的學習效果。

而什麼是個人風格？你可以嘗試採用「學習風格量表」，這在網路上都有很多資料可以搜尋；或者在平常生活上，多注意一下自己有興趣的事，或者自己最喜歡的學習方式，或是自己習慣用什麼樣的方式學習最有效果。

大致上來說，學習的風格或類型可以分為：(A)視覺型：善於用視覺學習，對圖像的敏感度高，習慣利用觀察來理解事物；(B)文字型：善於閱讀式的學習，或者將口述的講解變成文字，加強學習的效果；(C)聽覺型：善於用聽覺來學習，用語言溝通的方式來記憶，並用聲音理解事物；(D)動覺型：善於用感覺、或者實際操作學習，並用肢體動作及感覺來記憶。

(3)將學習的結果延續下去，並持續地學習。

我們學習的目的，是為了解決問題，提升自己；或許我們學習了很多，但若是沒有實際運用在生活上，就非常可惜了。

所以，我們應該把學習所得到的知識「具體化」並「實用化」，讓知識產生價值，並且運用這個知識來改善自己，這才是學習的最終目的。

增加職場競爭力 首要學習「如何再學習」

我們常看到，很多剛畢業的職場新鮮人，在離開學校以後就不想再學習了。其實這個觀念是不對的，相反地，進入職場後，反而需要更多的學習。

在我作職涯輔導的經驗中，很多剛進入職場的年輕人，在將學校學到的知識拿來運用在實際工作上時，往往遇到一些問題。其中很大的一個原因，是因為知識跟工作的內容無法連結。因此他們必須學習「如何再學習」，才能減少失誤，增加在職場上生存的機會。

不斷運用「情境的模擬與套用」，是「再學習」的最好方式。日本策略學大師大前研一曾提到，在他剛開始擔任顧問工作時，其實並不順利，甚至被他的上司稱為「公牛乳頭」，意思就是沒有用的人。

於是大前研一跑到公司圖書館，調出以前的客戶資料，把個案拿出來一個一個地研究，模擬當時業務的狀況，並換位思考：如果當時是他面對這個客戶，他會用什麼方式去爭取。

在搭乘地鐵上班時，每看到一個廣告，大前就開始思考，如果是他接到這個公司的廣告案，他會如何設計與規劃。剛開始，每一次路程，他只能思考出一個方案；但經過不斷的練習後，當列車每經過一站時，他就能想出一個企劃案。

而當時內向的他，經常要在眾人面前報告，為了不犯錯及不怯場，他在家裡提前作報告，再用錄音機錄下來，反覆地聽，反覆地修正缺點，直到把報告做到最好。這是大前研一的「再學習法」。

我們也常常聽到一些企劃或行銷人員的困擾，他們說創意被用光了，怎麼辦？其實我總覺得，「創意不是模仿，但創意是從模仿開始」。當你看到一個有創意的廣告或企劃案，先仔細想想，抓出其中精髓及重點；當你愈看愈多，愈想愈多，你所掌握的重點與元素，也將愈來愈多。當你不斷地演練後，只要組合不同的元素，你就產生了不同的創意。

職涯學習，是問題導向的「產出式學習」

此外，我們要深刻了解一件事，就是現實生活與學校生活截然不同。學校生活的人際關係簡單，現實生活的人際關係複雜；學校生活遇到的問題單純，現實生活面臨的問題繁雜。面對這樣截然不同的環境變動，學習的心態一定要隨之調整。

在學校學習的目的，或許得到文憑或專業知識就是最重要的；然而在現實生活中，學習則是問題導向，以解決問題為目的，是一種「產出式」的學習。

在職涯學習上，它的動力往往是來自於外在的刺激、與自身的熱情。例如你想要在工作上更上一層樓，或者是變換跑道時面臨新挑戰，那麼除了原本的專業知識及技能之外，你可能還需要接觸管理的領域，或者是學習會計帳目的分析，或許是更精進溝通的方式，也或許是加強自己在領導統御方面的認知。

在有了這樣的刺激與熱情後，你還需要的是更了解自己，也需要讓你周邊的人更了解你。在這裡，「周哈理窗〈Johari Window〉」的自我分析應該會很有幫助。

「周哈理窗」是一種對自我了解程度的評估，並依據評估的結論，將一個人的內在分為四個部份，包括「自己了解，別人也了解」、「自己了解，別人不了解」、「別人了解，自己卻不了解」、及「別人不了解，自己也不了解」這四塊。

當你能清楚地掌握了自己內心這四個部份，並能坦誠地審察自己，並接受他人的回饋，才能維持正確的自我學習心態。

重要的是 保持好奇開放心態 並持續熱度

另外我想要強調的，是保持「好奇與開放」的學習心態。

在從事講師工作的經歷中，我常常會聽到這樣的話，「這我以前就知道了」、「我早就聽過了」、「這不是前一陣子很流行的理論嗎？」……。

然而，同樣的理論，同樣的學說，同樣的主題，由不同的講師說來，都有不同的面向及詮釋，舉出的案例、教學的手法，也不盡相同。在你仔細聆聽後，或許能在類似或同樣的議題中，學習到不同的知識。

在職涯及生涯的學習原則上，我特別強調效率，因為它是為了要解決問題，並且可運用「想像未來，放大好壞」的方法增加學習的動力。

其實這是一種情境模擬及分析的學習方式。面對一個機會，當你選擇「要學習」或「放棄學習」時，不妨開始想像：如果我學習了，我現在要付出什麼，而一年後我可能得到什麼？而如果我選擇不學習，我現在可能得到什麼，而一年後我又可能失去什麼？

只要將正反兩面的結果放大，仔細評估值得不值得，你就能在眾多的知識領域中，找到自己最亟需學習的那些項目，且可以努力並心無旁騖地去學習，不至於白白虛耗自己的時間及精力。

最終的要點，仍然是必須維持學習的熱度。畢竟現代人有無數個忙碌的理由，在職涯及生涯的學習課程或講座中，很多朋友普遍遇到的問題，就是「太忙了」、「太累了」，沒有時間也沒有力氣去學習。我們理解，在現今的工商社會中，這無法避免。

如果你的生活中有類似的狀況，建議或許你可以靜下心來，整理並回顧一下自己的生活，感受一下自己的情緒，即使那是負面的情緒，例如「我好忙」、「我的壓力好大」。

如果你還能有這些思緒，恭喜你，至少你還沒有完全失去自我。

接著你應該轉變一下自己的思維，重新安排一下自己的時間。學習並不是那麼辛苦的事情，試著找到一個不很嚴肅、不需要立刻就深入分析的主題，或許在你坐車的時候滑滑手機，看一下網路的文章，或許買本書，在睡覺前讀一個章節。總之，在你讓自己放鬆的時候，你就在學習。

高效學習 讓你從容面對未來變局

近年來，人們對學習似乎感到愈來愈焦慮。

這些年我觀察到一件事，自從網路經濟興起後，社會普遍陷入「資訊焦慮」的氛圍。尤其這幾年網路直播銷售的方式興盛，好像不去學習當個網路小編、不去學習最新的趨勢，就是與社會脫節，就是落伍了。

但讓我們更焦慮的，則是AI人工智慧時代的加速到來。根據英國國家廣播電台在二〇一九年六月的報導，到二〇三〇年時，全世界將有兩千萬個製造業的工人被自動化機器人取代。而服務業運用人工智慧的比例也在快速增加，影響到的不只是辦公室的文書人員，甚至包含證券交易員及記者。

這並不是危言聳聽，阿里巴巴在二〇一七年推出的「魯班系統」，在該年「雙十一」期間，就設計出了四億張海報；而進化後的「鹿班系統」，已經能做到一鍵生成、自動編輯、自動排版，一秒鐘就能提出數十個方案給客戶選擇，而且價格低廉。

未來，基礎性質的工作將會被AI取代，若沒有對生活懷有一些天賦及熱情，你很容易就被取代。

當我們看到這麼多的報導，未來該如何增加自己的競爭力呢？基本上，我想主要是增加個人的分析力、思考力、創造力、主動學習的能力、領導力、及解決複雜問題的能力……等這類複合式的軟實力，因為這些是AI較難以取代的能力。

在工作領域中，這將是更高層次的轉型，但我們無需太過擔憂。AI世代所需要的較為複雜的概念能力及思維能力，這些無法用考試或測驗來評估，但都可以透過不斷地練習來學習與培養。

迎接AI時代 更需建立完整知識學習體系

如果要在自己的職業領域成長和發展，則需要建立好自己的知識學習體系。當你選定一項知識來學習時，首先要對這個知識作全面性的了解。知識的入門資訊可以輕鬆地從網路、書籍、線上教學等途徑得來，但這些單一的知識來源可能只提供零碎、片斷的資訊，我們有必要進行更全面性的學習。

其次要建立系統性的架構，將所學習到的知識延展，將片斷獲得的資訊連結起來，達到比較全面、完整的認知；最後，則是將知識實際運用在生活層面。

我舉個簡單的例子，來說明生涯中的效率學習。阿明想開個炸雞排的店，他手藝很好，但他沒有會計基礎，不會管帳，也不可能請一個專門的會計人員，那他該如何學習？

首先，會計學的範圍很大，他得先了解哪一個會計學的分類，是他真正需要的。於是他在網路上搜尋關於會計學的資料，然後發現，他只要懂得「財務會計」，就足夠所需。

再進一步，阿明開始了解什麼是財務會計，這時候網路上搜尋到的資訊不夠了，或者提供的資訊太複雜、太學術化，於是阿明到書店找了一些關於財務會計方面的書籍來閱讀。

阿明終於理解什麼是會計科目、財務報表，但他還是不知道怎麼做才能把報表做好，顯示出未來店裡的財務狀況，於是阿明參加了這類型的課程。

課程的講師很專業，設計活動及題目，帶著學員開始基本操作，在模擬現實的情境下，實際填寫報表，經過提問及分組討論，阿明很快地就進入狀況。

幾次練習，加上線上課程的測驗，之後阿明可以自己作報表，確實掌握店裡的財務狀況。

在這例子裡面，阿明想開炸雞排店，就是上述所說的「創造力」；他明確了解，財務會計是他需求的知識，這就是「思考力」與「分析力」；他搜尋資料、閱讀、參與課程並不斷練習，就是使用「主動學習的能力」；而因為他學到的知識，可以解決帳務上的問題，讓他得到「解決複雜問題的能力」。

我總是強調，學習要有方向感，沒有問題導向、雜亂無章的學習，反而造成整合吸收的困難。將知識分類化，一邊吸收一邊學習，才能達到最高效率。

最後，我建議「產出式的學習」格外有用！試著將你所學到的東西寫下來、整理好，然後講出來，跟別人討論，在這過程中釐清所學，並檢視自己。根據經驗，這樣的學習會更快、更有效！

my profile

陳韋丞小檔案

ACDC 亞洲職業生涯發展中心 研發總監
美國認證 CDA 國際生涯發展諮詢師
TimeMap 生涯教育協會 生涯顧問
1111 人力銀行 履歷健診顧問
勵活課程設計中心 講師
元智大學—心理測驗人資應用 講師
臺北護理健康大學—人力資源／組織行為 講師
台灣大學心理學研究所工商心理學組碩士

領導力

成中興

成中興的領導力金鑰

優秀的領導者，先從領導自我開始。

我從小的願望就是當個老師，但我並不是成績很好的學生。曾經那對我來說是一個遙不可及的夢想，但是我從沒忘記，也不曾放棄。

打從進入課堂那一刻起，我常常會這麼想：如果今天換作我是台上的老師，我會怎麼去教，要怎麼去講，是不是可以準備一些更有趣的教材，讓學生可以吸收更多？年輕時，我期許自己六〇歲退休，退休後可以站在講台上與人分享職場與人生經驗。

退伍後，由於讀的是建築相關科系，我進入臺灣省政府住宅及都市發展局，這段期間，我一直從事公共工程相關的工作。公務人員的生涯，我走了七年，當時我心想：難道我的人生就是這樣嗎？我是否應該離開這份安逸的工作，看看外面的世界呢？

脫離舒適圈 踏入金融業

剛開始起了換跑道的念頭時，我並沒有找到方向。在一次跟朋友的聚會中，我聊起這個想法，朋友建議我說：你不是對財經方面很有興趣嗎？現在股市很熱門，或許你可以往金融證券業發展。這對當時連一張股票都沒買過的我，是很大的挑戰，於是朋友推薦我看某位證券分析師的節目，他說：「從節目中或許可以讓你找到答案。」

於是我每天追蹤他的節目，發現這位分析師對總體經濟、產業面到個別公司都有非常獨到的見解，最後再以技術面找出買賣點，整個是很有邏輯架構的，不像坊間一般報明牌的股市名嘴。這種分析方式引發了我的興趣，也更明確了我跳出公務員舒適圈、朝向人生第二職涯邁進的決心。

初入一個完全陌生的領域，我努力地去學習全新的知識，除了金融業外，我還必須學習如何做業務。當時日子過得非常忙碌卻也異常充實，很快地，在擔任證券業務員半年左右時間，我升任公司襄理，並兼任期貨部主管。這是我第一次擔任主管，也感到肩上壓力更大了。

為求更加精進，我自行設定五年內的短、中、長期目標：短期考上證券分析師及研究所，中期取得講師經歷及資格，長期爭取擔任分公司經理人的機會。設定好目標，就是嚴格執行的時候了。以上這些短、中、長期目標乍看之下似乎毫無關聯，但其實是息息相關的，因為我為自己在證券業設立的目標是分公司經理人，而要真正勝任這個工作，我要求自己基本的學、經歷必須在一定水平以上，將來若有機會帶領團隊，才會更有「底氣」。

勇敢超越自我 路才能無限寬廣

有人說：你不必完全準備好才開始，但只要你開始了，自然就會知道該怎麼做，也才會出現貴人相助。

就在我思考該考哪所大學、哪個系所的時候，在一次參加前同事婚禮的場合中，遇到了以前在營建署的老長官，大家聊得很開心，也互相交流這些年的工作經驗。在聊天的過程中我知道他正在攻讀應用統計研究所，令人費解的是，會計背景的他為何會攻讀應用統計？他告訴我說：應用統計適用於各行各業，學的是如何蒐集資料，從中分析出有用的資訊，並非如一般統計需要很強數學基礎。他建議我也可以選擇應用統計，絕對比去讀金融相關科系幫助要大。因為我在金融方面已經具備了一定的程度，但對統計卻完全是門外漢，學會之後可以應用在工作中，也可以分析出客戶的屬性、偏好。而且分析金融市場時，應用統計也是非常管用的。於是我決定「打掉重練」，重新學習一件新知識，而且把所學跟工作結合，真是太有意義了。

的確，只要有行動，就會遇見貴人幫助你，讓你的人生更加充實完美。雖然在準備考試的時候倍感辛苦，但總算努力是有代價的，我很幸運，以備取第一名錄取了輔仁大學應用統計研究所，我非常珍惜這得來不易的機會，就讀期間我拼命學習，畢業時我是全班修習學分最多的學生，而且是以全班第三名的成績畢業。當年度我的畢業論文也被恩師〈黃登源博士，時任管理學院院長〉指定至台灣智慧科技暨應用統計學會〈ATITAS〉發表。

記得在我準備考研究所的時候，有朋友跟我說：統計很難考，你不是相關科系，考上很難，就算考上也不容易畢業，我只回答他：我從不去看難的部分，否則就不會進證券業了。進證券業前，我只知道股票是一張紙，其他通通不知道，現在在公司也時常業績第一名啊！其實考試時，我的筆試成績只是中等，之所以能夠考上，是因為我的口試分數很高〈92.5 分〉。口試時，我非常明確地告訴主考官，我報考的目的是什麼，我想要學習什麼，如何將應用統計活用在工作上，以及以後要達成什麼樣的目標。

在證券業的二十年歲月，是我學習最多的時光，為了要把學到的知識內化，並與兒時當老師的夢想結合，我也利用各種機會上台分享、授課，並曾擔任公司內部講師。研究所畢業後，開始有更多機會擔任正式講師，除了在各大專院校外，也受邀至許多單位授課，例如台灣金融研訓院、證券暨期貨發展基金會……。目前的教學則是以過去在職場上領導管理的實務經驗搭配理論基礎，分享給需要的學員，授課範圍包括：團隊領導、職場管理、銷售技巧、溝通表達、簡報技巧等五大主軸。從過去到現在，我的授課總時數累計超過 3000 小時，目前也是網路廣播節目主持人。

加速式學習 讓學習者成為學習的中心

在多年擔任講師的生涯中，由於職場環境的變遷、學員心態的轉換，教學的方式也要與時俱進，並找到一個方式，能夠讓學員自主學習。在以往的年代，講師是課堂上的主角；而現在講師應該扮演引導者的角色，引導學員找到方法，自主性的學習，如此才能快速有效吸收且不易忘記。

我最擅長的教學手法，就是把繁瑣精深的知識，透過故事案例來啟發學員，幫助他們快速理解；此外實務經驗也很重要，針對不同主題，搭配口語講述及案例探討，設計出不同的課程內容，以達到最佳學習效果。

現代人專注力普遍下降，如何激起他們的學習動機，就必須靠教學手法的多元化。而企業內部訓練課程的學員，常常都是中、高階主管，他們有豐富的實務經驗，也都非常專業，於是在課程的安排上，會更加著重於專業內容的講授，讓課程含金量更高；實務演練、案例探討的內容設計也會大幅提高，讓來自同公司內不同部門的人員，或不同分公司同職務的主管，透過團隊合作，共同解決問題，讓課程不但要「叫座」，而且更要「叫好」。目前我也是「AL加速式學習法認證課程引導師〈Accelerated Learning Certification-Certified Facilitator〉」

許多朋友跟學員都很好奇，在我的人生中，怎麼有那麼大的勇氣，能夠跨越好幾種不同的專業領域並且得到成就，我想或許就是因為我橫跨了多種不同領域，才累積出足夠經驗站在講台上跟大家分享，同時也希望能和身邊的人共同學習成長，成為不僅是良師也是益友的好夥伴。

大道至簡 我這樣詮釋領導力

談到領導力，就讓我想到老子「道德經」第五十七章裡的一段內容：「以正治國，以奇用兵，以無事取天下……」，意思是說，以「誠信」之道來治理國家，以「奇招」來練兵帶兵，以「無為」來治理天下。

「領導力」的觀念亦是如此。一個公司的經理人或一個團隊的主管，最先必須掌握的原則就是「誠信」；有了誠信，才有「正氣與正直」，才能以公平、公正的態度帶領部屬，部屬也才會信賴你。當部屬對主管有了信賴感，就會毫無懷疑地認真工作；遇到問題也比較容易溝通，在第一時間找到解決的方法，確實執行。

當領導人帶領團隊執行業務時，常常必須使用「奇招」，方能突破盲點，找到正確方向。正所謂出奇才能制勝，而出奇制勝，往往會遇到困難，唯有不斷地進行突破性思考，找出新的思維、方向及解決問題方法，才能敏捷地因應時代的快速變遷。

此外領導人還必須學習如何賦權，將權力下放部屬，千萬不要認為部屬無法勝任；培養部屬能力，幫公司育才，也是領導人的重要職責。主管絕非萬能，如果懂得充分授權，公司的運轉反而會更加有效率，也才能因應不斷變動的外部局勢。這就要學習老子的「無為而治」，所謂的「無為而治」、「無為而無所不為」，絕不是什麼都不做，而是「不做過多干預」。

在許多公司的管理經驗裡，權力高度集中的狀況下，領導模式將會愈趨僵化，員工沒有被充分授權，也沒有足夠的空間去發揮創意，做到自我實現，如此工作效率勢必大打折扣。好的領導人，不見得要樣樣都懂，但必須發掘部屬優勢，讓其盡情發揮，這就是「無為而治」的精神。

培養領袖魅力 是領導者必修心法

如果說「領導能力」是領導力的「技法」，那麼「領袖魅力」就是領導力的「心法」。領導力是現代人必備的能力，很多人都以為領導力只是在領導別人，這樣說法只對了一半，其實領導力的養成是要先學會領導自己，如果自己都無法領導好自己，又如何領導別人呢？所以有紀律地先領導自己，再去領導別人，才能真正發揮影響力。「領導」應該是不需要靠頭銜就讓人願意追隨你；所以當領導人什麼都沒說，但能讓人感受到他的熱情，願意追隨往共同目標邁進時，這就是領袖魅力的發揮，領袖魅力是內在層面及精神層面的散發。把心中的真誠自然地表達在生活及職場中，這種個人道德上的修養，就是領袖魅力的培養。

許多時候，我們常聽到一些部屬對主管的抱怨，其中最多的就是不公，有工作分配上的不公，賞罰獎懲的不公，主管面對不同員工時、態度上的不公；另還有些主管喜歡「爭功諉過」，功勞主管自己攬，過錯都讓部屬扛；於是，團隊對領導者的信任消失了，成員間彼此的和諧也消失了，整個體系都出現了問題，甚至慢慢瓦解。這是許多領導者常犯的錯誤。

無私與無欲是每位領導者都該做到的事，好的領導者必須做到讓部屬信賴，如果連最基本的公平都做不到，如何讓人產生信賴感？我們不敢要求每個人都能做到大公至正，至少要能做到降低私欲及私心，站在天平中間那個點來思考及處理事情，這就是培養領袖魅力的初步。

其次領導者必須培養良好的「觀察力」與「包容力」。團隊中的每個成員都會有不同的人格特質、不同的能力，對於同樣的工作目標，也會抱持不同的想法；因此領導者應該訓練自己敏銳的觀察力，針對每個成員的特質，去分配及安排適度的工作，讓每個人都能發揮自己的潛力。

當團隊成員間彼此有不同的看法、想法、或對領導人有意見時，領導人應該有「足夠的包容」，能聆聽及接受不同的意見，發揮良好溝通能力，迅速且正確地做出相對應的改變，如此方可發揮眾人智慧、團隊力量，讓目標達成更臻完美。

最後，在領袖魅力的培養中，要訓練「當斷則斷」的能力。亦即當領導者發現外界狀況變動，以致於原定計劃無法達成既定目標時，應該順應外在情況改變，當機立斷，立刻對組織及工作內容作出修正與調整，千萬不可有所遲疑，否則錯過第一時間，就可能很難轉變，尤其在現在這個變化快速的環境下，稍有不慎就會萬劫不復，領導者必須咬緊牙關帶領團隊突破逆境繼續前行。

當領袖魅力發揮到極致，也就是真正產生「影響力」的時候，此時部屬就會是心甘情願的追隨者，對公司任務就會自動自發完成，與領導者共同達成目標。

找出自我領導風格 學習新知帶領團隊

領導力是沒有框架也沒有固定模式的，正因為領導力沒有固定模式，所以也沒有所謂的對或不對，只有「適不適合」的問題。領導的面貌難以具象化，領導學之父華倫．班尼斯〈Warren Bennis〉曾經說過：「領導力就像美，它難以定義，但當你看到時，你就知道。」

環顧歷史上的偉大領導者，他們的領導風格往往天差地遠。不同特質的個人，將會發展出截然不同的領導力。領導與管理很大部分都是跟「人」有關，領導者應該先了解自己的人格特質，自我了解後還必須了解你部屬的人格特質，才能在工作的執行上更加順暢。

一九二八年美國心理學家威廉．莫爾頓．馬斯頓〈William Moulton Marston〉提出DISC人格測試理論，他採用了四個他認為是非常典型的人格特質因數，即Dominance—支配、Influence—影響、Steadiness—穩健、以及Compliance—分析。而DISC，正代表了這四個英文單字的第一個字母，這是一個了解自己與部屬特質的好方法，現今被大家廣為用於個性測試，藉此了解個人之性格屬性，以便有效與對方溝通。

譬如，鴻海集團的前領導人郭台銘，就是典型的D型人格；而綜藝天王吳宗憲是I型人格；慈濟基金會的精神領袖證嚴法師，則偏向於S型人格；前台積電董事長張忠謀則屬於C型人格。這四位名人在專業領導上各具特色也非常成功，因此並不需要強求自己一定要成為哪個類型的領導人；只要找到合適的領導模式，就能進一步發掘出自己的領導能力，凸顯自我領導風格，同時也去發掘你的團隊成員屬於何種特質，用適合的方式帶領他們，任務分派時才更能夠適才適所，達到事半功倍之效。目前DISC已被許多大公司當作員工選才、調派、升遷之參考依據。

身為一位領導者也要隨時吸取新知，而閱讀是最方便、CP值最高的獲取知識方法，世界上成功領導者幾乎都有非常固定的閱讀習慣。現今是個快速變遷的時代，因此許多過去所學的知識，很快就過時了，我們如果沒有隨時更新、跟上趨勢，盡速做出調整，就會很快被淘汰了。此外利用假日帶家人去聽演講充電，也是不錯的學習方法，既可以獲取新知，又可以與家人互動、培養感情，真可以說是一舉數得啊！當然利用時間學習領導相關的課程更是重要，這是有系統的刻意學習，透過這樣的學習，對未來職場上的領導力會更有助益。

學習的最終目的還是希望能應用在職場上，把握生活及職場中每一個機會，去實踐自己的領導力，不論是設定目標、分配工作、溝通協調、引導協助、願景激勵、成果檢討……，都是一位領導人應該學習而且實際應用於工作上的重要事項。在每一個過程中，學習持續地以「真誠坦率」的方式待人、公平公正的方式處事；適當地指出成員的錯誤，並且協助他修正改善。永遠把部屬的利益擺在第一位，帶人是要帶心的，以這樣的心態帶領整個團隊完成目標，就是領導力的修煉。

迎接 VUCA 時代 必須學習未來領導力

隨著 VUCA 時代的來臨，過去的領導力思維也必須跟著調整，在此 V 指「多變 Volatile」，U 指「不確定 Uncertain」，C 指「複雜 Complex」，A 指「混沌不明

Ambiguous」，這是因為科技創新而發生在產業結構、生活形態、甚至政經局勢的巨大變動。因此，迎向未來的領導力，將愈加偏重在知識力、組織力、以及快速應變的能力，如此才能迅速因應職場及社會的變遷。當人工智慧（AI）、大數據（Big Data）與雲端（Cloud）的ABC科技……等新技術來臨時，我們必須坦然面對，真正地去了解這些新科技背後的內涵及影響，將它們與工作結合，才能跟上趨勢的潮流。

在這樣一個動態競爭的環境下，「預測」沒有「快速行動」重要，在愈來愈複雜、易變的情況下，公司必須更仰賴員工快速做出決策及反應，不能夠再像過去一樣凡事都等主管下達命令。企業的組織，應該要從以往垂直化逐漸調整成扁平化，團隊裡的每個成員，都有可能成為領導人；因此領導模式的改變及個人在心境上，都必須要更快速、更富彈性。

過去的領導統御著重在指揮部屬，因為之前環境變動的速度沒那麼快，所以主管的能力與經驗足夠應付，但在未來快速、不確定的環境下，部屬位於第一線，接收到的資訊常常比主管快，所以較能快速應變，若等部屬層層往上回報，再等待主管裁示，往往緩不濟急，錯過最佳時機。因此未來領導人一定要學會「授權」與「賦能」，過去我們慣用的科層式組織，應該要逐步修改成較為機動式的網絡化組織。

曾經有一份報導指出，半數以上的現有行業，在二〇二五年時可能不復存在，但同時也會有很多新興行業誕生。而一位好的領導者必須隨時保有開放的心態，接受創新思維及變動的價值差異，建構敏捷而具彈性的團隊合作，開放並勇敢地面對外在變化，如此方能成為未來成功的領導人！

my profile

成中興小檔案

曾任職前三大金控證券分公司負責人，管理經驗達二〇年，管理客戶資產超過數十億元，多次帶領團隊勇奪 KPI 第一名

現任各大管顧公司 講師

講授主題以領導管理、業務銷售、團隊經營、職場溝通、簡報技巧為主

網路廣播電台 節目主持人

解決問題策略

楊世凡

楊世凡的解決問題策略金鑰

掌握解決問題的策略，為你開啟職場勝任力的核心軟實力。創意思考、設計思考以及系統性思考，是引領你職涯高飛的導航力！

我很幸運，在三十多年前從研究所剛畢業時，於因緣際會下，來到文化大學新聞系當講師；當時才二十多歲的我，曾創下全台灣最年輕的女性大學講師紀錄。而後，我也得到了世新大學的講師職務，這是我講師生涯的開始，感覺自己對教學工作非常有興趣，也充滿熱情。

在兼任大學講師期間，我同時領有正式工作，先是任職於當時全球最大的偉達公關顧問公司〈Hill and Knowlton〉台灣分公司，而後在台灣最大的公關集團精英公關工作，執行的業務性質是以策略企畫和服務國際業務各半。

由於過往的工作經驗，我很容易能將職場中所發生的一些事件以案例的方式與學校的同學分享。在分享的過程中，同學們可以將課本上所學的知識，與實際生活中的狀況相聯結，從而得到解決問題的初步能力。

離開公關公司之後，我轉換跑道到公部門與外商顧問公司工作，擔任顧問及大學講師，迄今已超過三十年。

我不是明星型、而是教練型的講師

從事培育訓練工作的這些日子裡，我感覺在學校擔任講師，跟擔任企業培訓、或是民間社團講師，是截然不同的經驗。

因為學校的課程有固定的課堂數，有比較多的時間編撰教材及教學，對學生而言，屬於帶狀型學習；而一般公司或社會團體，則必須在很短時間內就帶動氣氛，讓學員得到學習的效果，務必一擊命中。

但無論是在校園內或是校園外，要成為一名成功講師，都必須充分準備。通常一個小時的課程，我會準備一個半到兩小時的內容，盡可能地提供學員充分的資訊與進一步研習的參考資料。

其次，「洞察力」在講課過程中至為重要。怎麼說呢？在進入課堂或教學場所時，好的講師一定要能準確地掌握現場氛圍，抓住對主題有興趣的學員，讓對方有發揮的時間和空間。我們必須設計扣合主題的相應活動或互動體驗，加強學習的效果，並且以幽默感、親和力、同理心、以及臨場應變的能力，充分掌握課堂現場的狀況，讓全體學員達到各自學習的目的。

自認不是「明星型」的講師，因此這樣的教學方式就是我自期的——要成為一名「教練型」的講師。在我之前所寫的一本書中，曾對「教練型講師」作過這樣的詮釋：「接受學員或客戶的情緒及想法，透過專注地傾聽，有力的提問，視覺化的聯想，而後運用學員或客戶擅長的學習方式，鼓勵並幫助他們實現自己的目標。」

在多年的講師生涯中，我深深地認為，教練是面明鏡，讓客戶藉以照見自己。一位好的教練型導師〈mentor〉能做到的不只是表面上的激勵跟指導，而是要能「發現並誘發學員或客戶的潛在特質」。教練型的講師不需要評判、介入、或質疑，而是要協助啟動學員或客戶的自主性，相信他們能憑藉自我覺察和自發動力，找到問題的出口，朝向自己設定的目標，smart 地執行行動方案。

從事一份立己助人、成己達人的志業，是我的願景

在長時間擔任顧問及學校講師後，我在這幾年才轉換跑道，成為自由講師。我希望以我的專業，融合教練的心法與技能，幫助學員與客戶成就自己。

如果在每次的課程中，我都能提供給學員一些前瞻性的想法、遠矚全局的考量，一些洞見與眼光，和一些該主題的前沿知識與作法，就能帶給學員些許反思、些許正面的提升，相信這會提供他們相當幫助。

對我來說，這是一份成就自己、也能助人的工作。成功在每個人心中的定義未盡相同，而我希望的成功，就是能夠幫助別人成功。

無疑地，講師將是我一生的志業，我希望幫助大家找到解決問題的策略，進而實現自己的目標——而這正是我人生下半場將努力以赴的願景。

身處 VUCA 時代，找到解決問題的策略愈加重要

以教練的角度看，避免問題發生或再發生的邏輯與過程可以是這樣的：

(1)要用正向的心態去縱觀全局；

(2)能預見未來可能發生的問題，並作好防範；

(3)在問題發生的時候，要能有即時與及時應變的能力。

時代不斷進步，社會的變化也愈來愈快，在家庭、職場和各種人際關係中，我們要面對的挑戰也愈來愈多。這已經是「唯一不變的就是變」的年代，那麼，我們該如何找出解決問題的策略呢？

首先，我們要了解「解決問題」的流程：(A)思維，釐清問題發生的原因；(B)方法，尋繹解決問題的法門；(C)步驟，詳列邏輯執行的步驟；(D)行動，確實地執行既定計畫。

發現解決問題的策略，並不如以往單一及直線式領導的時代，要靠個別的主管來解決。而是走向團隊模式，大家一起合作。不同的問題，雖有不同的解決方式，但我認為要「有效率、效能」並「正面確實」地解決問題，必須靠團體協作與共創，必須是由組織內每位相關成員共同面對，集思廣益，才能找到正確的問題解決方向和行動策略。

無論是主管或員工，都須培養思考解決問題策略的能力

毋庸置疑地，在職場中無論是剛剛加入的新人，或者是已經擔任主管的老手，都必須要有解決問題的能力。對公司而言，無論是內勤或者業務，任何一個部門與個別員工都是重要的。當某個團隊或個人發生問題，往往牽一髮而動全身，會直接或間接地影響整個組織。

要找到完勝的策略來解決問題，必須靠團隊合作。釐清問題在先，並且把應變小組扁平化及敏捷變形化，尋找目標並迅捷地提出適切的方案。

舉例而言，老闆決定下一季的營業額要增加百分之二十，但銷售部門面臨的困難是市場競爭激烈，同質性的產品眾多，提高售價幾乎是不可能的，而壓低售價又不能保證一定能達成要求，該怎麼辦？

從教練的觀點來看，公司的最高主管，也許是總經理，第一個應該思考的是：組織能運用的既有資源有多少？例如有沒有預算增加廣告費用，或者擴大銷售團隊；然後集合所有部門，提出不同的解決方案，並且進行相互交叉有益與有力提問。

例如某個銷售人員覺得，是不是在一定的購買數量下，可以提供員工比較低的折扣價，讓所有同仁及他們的親友來購買產品，增加銷售額，那麼其它部門的成員是否願意參加？又或者某個會計部門成員向採購部門建議，是否能與供應商協議比較好的價格，降低成本，來達到降低客戶端售價的目的，同時採購部門能否達成此使命？

不論團隊或個別員工提出的方案，都應該經過仔細的討論及沙盤推演，在有限的資源中找到最適可行的解決方案，並且設定執行步驟，即刻開始行動，並由團隊主管即時檢視執行步驟及其成果。

倘若經過仔細評估後發現，所有的方案都無法達成業績增長百分之二十的目標，也許只能增加百分之十，那也要具體地告知老闆，是不是能接受這樣的評估結果？或者有沒有其它方法，例如增加投資額或增加產品種類？

在解決問題的過程中，不應該只有主管在想方設法，而應該是組織所有跨部門的員工大家一起來解決問題。這樣不但會更有效率，提高效能，而且容易凝聚所有成員的向心力，甚且找到更具創意的問題解決策略。

解決問題的關鍵能力之一：思考力

常常有人說，「老闆找你來，就是為了解決問題；能解決問題的員工，才是好員工」，那麼，我們要透過哪些方法來提升解決問題的能力呢？

要建立敏銳獨立的思考力，首先學界及業界常用的一種方法是「六頂思考帽」〈Six Thinking Hats〉，也稱「六色思考」，其一個顏色代表一種思考角度。當面對問題時，我們難免有毫無頭緒或千頭萬緒的感覺，那麼，我們可以一次用一個方向來思維：

(1)白色思考帽代表中立及客觀，不摻雜自己想法或他人意見，純粹以數據或資料來陳述問題。例如，在目前銷售的產品中，哪種類型的產品占比最高？而這個比例是多少？

(2)黑色思考帽代表謹慎及合乎邏輯的否定，來考慮風險及不確定因素。例如這樣做可以嗎？能發揮作用嗎？會有什麼損失嗎？

(3)黃色思考帽代表積極與正面，以正向的思考找到可行性及利益點。例如，為什麼必須這樣做？這樣做會得到什麼好處？

(4)紅色思考帽代表直覺及情感，以感情上的直覺來判斷，並且合理化。例如，這個包裝設計感覺怎麼樣？

(5)綠色思考帽代表創意及巧思，以新的思路找到新的概念、新的方案，並提出解決問題的建議。例如，除此以外，還有其它方法可以解決嗎？

(6)藍色思考帽代表整合及控制，經過以上五種思考後，縱觀全局，整合所有想法，進而得到解決問題的策略。

經由將思考切割成不同面向，用不同的思維來發掘解決問題的方法，最後加以整合，這樣才能夠理清混亂的思緒，得到全面靡遺的綜效。

第二種常用策略思考方法是「曼陀羅思考法」。這種思考法源自於佛教中的曼陀羅藝術，目的是將單一式的思考加以擴充並作邏輯性推演連接，來發現問題的真實全貌，並且能迅速地找出適切的解決方案。

這個方法其實不難，畫出一個九宮格，在正中央寫下問題；然後在其它八個空格中，寫下與這個問題相關的事項，例如究竟發生了什麼？有哪些關鍵節點？怎麼發生？何時發生？在哪裡發生？發生在誰身上？造成哪些影響？

再來，一次僅在一個事項上作單線的擴充性思考。例如，先從「怎麼發生這個問題」的單方向來想，是不是生產線的機器故障了？品管部門有沒有盡到檢驗的責任？消費趨勢是否改變……等；然後把想到的寫下來，再用同樣的方式思考下一個事項。

最後將不同事項的關聯性尋繹出來，去掉無關緊要的枝微末節，那麼就能直指問題核心，找到解決問題的策略。

解決問題的關鍵能力之二：學習力

解決問題的能力，是可以靠學習來提升的。目前有許多企業會聘請講師作客製化的訓練，也有社會團體推廣類似的課程。當然，學員本身必須要擁有這樣的動機及熱情，來獲取更多解決問題的能力。

第一種學習的方法，是集合大家作「個案研究」。例如，舉出一個案例，然後團體共同探討，找出解決方案；再比對案例實際發生的結果，作檢討分析。在同一個事件中，每個人都會有不同的意見跟想法，而從統整的過程中，所有成員都能經由共創，一起提升解決問題的策略思考力。

而案例的選擇必須要多元化，包括同業、異業、以及競業的。在不同的情境中，培養學員解決問題的想像力以及思維的彈性，這對參與者會非常有幫助。

第二種學習方法是情境模擬，例如公司內部可以組織一場跨部門、或跨功能的研討會，舉出一個主題來作情境模擬，讓來自不同團體的成員共同來探討。各部門可以個別集合，也可以分散成員，跟其它部門的成員組成新的臨時團隊，進行深度對話，共同為這個情境作出新的思考路徑。

這樣，跨部門、跨功能、跨職別的同事可以交流不同的資訊及經驗，擴大思慮的範圍，來增益集體解決問題的能力。

第三，我認為創造力源自於模仿；而解決問題的能力，可以同時來自於模仿力及創造力。愈來愈多的企業會聘任異質性高的員工，例如一些線上遊戲公司、社群網站媒體或電商集團，會雇用文史哲及美術背景的員工，來增加遊戲的豐富度和趣味性。在團隊中，異質性高的員工可以藉由模仿學習彼此的思維模式及優點，進而激發個人創意，擴充各種發想的可能性，在相對高彈性自由度下，大家共同快速成長。

在這樣的過程中，所有成員學習到了全面性的思考、系統性的思考，以及靈活轉換自己觀點的換位思考。而在融合各個獨立成員特色的過程中，彼此都學習到協調的能力、接受別人意見的能力，以及統整的能力。這些，對解決問題都能起到關鍵性的幫助。

在當今地球村的平行世界裡，組織在提升員工的學習力方面，必須扮演比以往更為積極的角色，要能多提供員工學習前沿新知與實務落地應用的機會，多給員工主動發表意見的空間，支持及鼓勵員工有意識、有方向性地持續成長，並且形成學習型企業文化，才能妥善地應對益加複雜的商業與公益世界。

專注傾聽 正確提問 就能直指問題核心

其實只要個人有意願，在日常生活及職場工作中，就可以培養「解決問題策略」的能力。

首先，我們要培養「專注傾聽」的能力。如果你身邊的人或身處的群體發生問題，專注傾聽將是了解問題第一步最好的方式。在工作場合中我們常遇到一些主管，當下屬在彙報問題時，他卻在忙著看報表或做其它事情，那他怎麼能清楚地知道問題，進而找到解決問題的方式？

其次是「有力的提問」。在訓練了全面性觀察力、系統性思考力，以及統整綜觀的能力後，就很容易發現問題的核心。無論對自己、對下屬、或者對團體，都要能問對問題，聚焦釐清，再經過仔細思考評估，找到解決問題的途徑。

在很多訓練的課程中，我常發現一些能力很強、思緒快速的學員，他們在發表意見或者提問時，卻很容易離題。這時候我會建議他們訓練自己「提問的能力」，直指問題核心，想好再說，並且維持專注程度，這點對實際解決問題非常重要。

第三是想像力，如果以前所用的方法是對的，那麼問題就不會發生；要解決問題，就得打破既有框架，這需要一點想像力。

如我們前面提到的，進行同業、異業、與競業間的案例分析或情境模擬，就是在訓練想像力。如果遇到的問題在過往這些訓練中曾經發生，我們就可以在最短時間內，運用培訓的成果找到解決問題的策略。就算發生的問題是以前從沒有預想過的，那麼結合這些訓練中所培養的觀察力、想像力、思考力及創造力，我們也可以很快得到解決問題的方法。

第四是「同理心」，當我們遇到問題，需要與別人討論或尋求協助時，常會面臨一些困難。例如前面所提到的，沒有人專注認真聆聽我們的問題；在討論如何解決問題時，總是有人離題太遠，浪費大家的精力跟時間；或者，總是有成員使用舊思維，企圖用舊做法解決眼前的新問題，卻沒有辦法避免日後衍生的問題重複發生。

所以我們要有同理心，設身處地，換位思考，並持續提升自己，團隊協同解決問題的力量自然應運而生。

觀察全局 避免自我設限的迷思

在我的授課經驗中，常常發現一些學員，在面臨問題時陷入了上述迷思，而對問題不得其解，甚至直接承認失敗，那就是「過於自我設限」。

在面對問題時，很多人往往受限於自己過往工作經驗或生活經驗，而踏入一個誤區；他們沒有辦法發揮想像力跟創造力，幫自己創造突破的契機。簡單來說，他們找不到新方法，或者不敢嘗試新方法來解決問題。

另一個狀況是受限於系統性思考及邏輯能力的不足。舉例來說，許多人問「為什麼我的工作永遠做不完？」但他們常陷入「思考不周」的迷思，總認為是「因為我的能力特別好」、「因為我願意承擔」、甚至是「因為我單身，比較可以加班」，於是終日抱怨。

他們未能使用進一步的思維模式，例如回頭去反省平常的工作流程，是不是把比較不重要的事情安排在前面，而將相對重要的事情安排在後面？工作中有沒有哪個環節浪費了太多的時間？是不是有什麼工具或方法，能增加自己的工作效率？

最後就是對全局的觀察力不足，頭痛醫頭，腳痛醫腳，往往解決了眼前問題，下一個問題又接踵而至，久而久之，就失去了自信。

於此，我會建議大家可以多傾聽別人的想法，多吸取別人的經驗。在生活中的日常始終多看一點，多想一點，多做一點；或許可以參加一些相關的訓練課程，開拓自己的視野，增加自己的能力，就能避免陷入「無能無助無力，進而缺乏自信」的困境裡。

最後我想告訴大家，自我培養「解決問題策略」的能力，其實不如你想像中的困難。不妨從我們平時最感興趣的事物著手，例如你喜歡養寵物、喜歡烹調美食、喜歡種花蒔草……，只要隨時都想著，「怎麼能把眼前這件事做得更好？」信手拈來，找出問題，想出新意解決它，並且避免問題再發生。這個時候，你就已經走在「學習解決問題的創意策略」路上了。

my profile

楊世凡小檔案

國際教練聯盟〈ICF〉認證 專業教練（PCC）

國立空中大學 視覺傳播 講師

台北城市科技大學 職場禮儀與口語表達 講師

國際扶輪 3520 地區與 3521 地區　生命橋樑助學計畫　職涯教練（二〇一六～二〇二〇年）

勵活課程設計中心 講師

台灣大學社會學碩士、輔仁大學大眾傳播學碩士

Y4

需求產品化

黃聰濱

黃聰濱的需求產品化金鑰

我要先滿足你的需求，你才會滿足我的需要。

我想我天生具有經營的敏銳度。

可能也跟家庭環境有關吧！家中是作餐飲業的，從小習慣與人打交道。我在高二升高三那年暑假到外面打工，加入銷售行列，開始銷售CD、錄音帶。

當時的產品西洋經典音樂集錦是成套販售，透過街頭推銷。年輕的我嘴甜、討喜，總能輕易地自眾家「姐姐們」那裡討到業績，成績始終居全組前二名。

退伍後，進入三商美邦人壽作保險業務。保險業有一點很有趣，其實以台灣發展現況，每個人手邊幾乎都有保單，但「有保單」不代表「保障足夠」。因此對業務來說，透過與客戶的聊天，找到對方「自己還不知道的需求」，找出客戶「目前還缺漏的風險保障」，就是我們最大的切入機會。

這份經歷，算是我人生第一次對「客戶需求」的相關思考及啟蒙。

卡債讓我深陷十年人生低谷

在三商美邦人壽這段期間，我在二〇〇二年曾獲營業處冠軍，也曾多次創造月入六位數的佳績，卻因理財不當，積欠上百萬的信用卡債。

可以說歷經了整整十年的低潮人生吧！當我選擇不再逃避，將卡債清除，人生終於再度走回正軌。也是因為這些逆境突破的經驗，讓我有更深刻的人生體悟可以在課堂上分享，並對人性有更加溫暖、包容的關注角度。

我最擅長的領域，主要在於情緒管理、團隊經營、業務行銷，並且將這些收錄在暢銷書《做自己的勇氣》一書中，鼓勵更多朋友「面對自己不足，勇敢做好自己」，作為人生迷惘的參考。

現在的我，不僅經營勵活課程設計中心，同時是1766網路廣播主持人，在親子與家庭教養溝通、人際關係互動、團隊經營管理課程方面，均受到相當肯定。

創辦經營課程設計中心的過程中，我正視到每堂課程的主題訂立與內容設計，都必須為了邀課單位的理念目標及學員學習的需求，做好每堂課的審慎規劃；因此如何把「需求」實際轉變為有價值的「產品」，成為我每天必然面對的課題。

賣過五花八門商品　發覺產品研發盲點

而實現「需求產品化」的需求覺察與執行判斷，則源自於我人生過程中的跌倒經驗、沉潛學習、與累積淬鍊。

離開三商美邦人壽之後，我曾進入一家行銷公司，帶領電話行銷團隊，推廣池上農會出產的「越光米」及高價旅遊卡，持續地從事銷售工作，也持續地鑽研每位客戶可能的需求。

但卡債困擾，也讓我的職業生涯處處碰壁，過程中看透人情冷暖，對於人性中在意及保護自我立場的感受，格外有體會。

為了避免銀行催繳卡債影響職場發展的困擾，我決定自己作些小生意。我們家族對進貨、批貨頗有經驗，所以與家人商量後，我開始批貨到市場擺攤。

那些年，我可以說是全省走透透，從早市、夜市到黃昏市場，從百貨公司、大賣場到各類展覽場、園遊會等場合，哪裡有人潮，我就往哪跑。

銷售的品項更是五花八門，隨著趨勢賣，時常更換品項，包括什麼黑糖桂圓薑母茶磚、靜電拖把、蜂蜜醋、省電器……，賣什麼都不奇怪！

正是因為經歷過各式各樣的商品銷售經驗，我發現一件事：這世上有許多商品，被研發出來的靈感真地非常神奇！

舉例來說，我曾賣過其中一個頗為奇妙的商品，是一個售價一九九元的中空鐵管。

坦白說，從外表乍看頗有質感，像支隨身攜帶的安全哨，但功能卻是想像不到的「去腳皮」。所以，想要推銷它，你只能透過對客人的「表演」、「功能示範」，來「刺激需求」。

這件事其實並不有趣，應該是說，這是因為世上有許多產品創意，是依據創作者角度製作出來之後，才開始去思考如何 match 客戶的需求、或是刺激客戶的需求。但，人家真地需要這東西嗎？

對於廠商來說，既然產品都已經製造出來了，成本都已花下去，只好想方設法把它賣出去；至於消費者是否真地需要，who cares？

即使規劃約會行程，你也在進行需求產品化

產品從自身角度思考研發出來，再來思考如何找出客戶需求，這種將「產品」創造「需求化」思維，是許多廠商、企業不自覺會有的迷思。

認真探討，從人性需求出發的產品或服務都能引起共鳴，比如智慧型手機迎合人性

中樂趣方便及社群互動需求，因此人手一機；馬拉松路跑活動因為符合人性害怕不健康及為自己豎立里程碑的需求，因此參與民眾日益增多。

「需求產品化」不同於「產品需求化」，最主要是從消費者的真實需求出發，再進一步透過專案管理的過程，將這些需求轉化為可被量產、具市場性、可供銷售的產品。

若觀察「需求產品化」的能力體現在自身：

生活上，它是有條不紊的生活管理能力。

職涯中，是觀察與自己相關的關係人需求，找出彼此連結共識並提供解決方案的能力。

若歸類在生意角度，則是找出彼此利益需求，結合雙方能力資源將之「變現」的能力。

為何在生活上它代表有條不紊的生活管理能力呢？舉個生活中常見的小例子好了，就好比我們追求女孩或情侶熱戀的約會行程，是如何被規劃出來的呢？

首先，要找出促成約會的「關鍵需求」。通常來說，邀約方能展現自身魅力的場域是自我需求，例如運動能展現自身體魄、旅遊能展現自己規劃安排的能力及帶給對方驚喜……等。

受邀方則期待這是可以觀察對方優點的機會，或是期待享受過程中得到的快樂與回憶。

雙方的需求合併產生共識成為約會行程，也成為了「關鍵需求」。也許有人認為：約會不都是單方安排，另一方參與嗎？但其實我們會發現，單方安排的約會行程，若能貼心察覺另一方的想法或期待，約會行程通常比較圓滿，否則常會淪入對牛彈琴、冷熱各異的狀況。

接著，必須「評估」這個約會行程的各項條件是否可行，如交通能力〈有沒有開車、或需要其他交通工具〉、相關費用支出、活動時間流程……等。

然後，將約會行程像產品一樣規劃好，並開始執行如準時赴約，或準備相關資源如預定餐廳；最後，確定執行完成步驟，達成「需求產品化」的流程。

因此，狹義來說，「需求產品化」，是一般行銷相關人員、及企業經營者必備的能力；

但若從廣義看來，其實每個人都該學習具備這種能力，這樣更能發掘每日生活中最該做的事是哪些，即使只是安排一個約會行程。

如何在職涯中實現需求產品化？

職涯中體現「需求產品化」的能力，在於觀察老闆、主管、同事或客戶的需求，透過自身的權限及資源，解決、滿足彼此的需求問題。

當我還在板材業時曾有一次經驗，客戶因為一個工程標案找我議價。職業敏感讓我察覺這位客戶在整個工程標案中，必須找泥作、油漆、木作、板材、五金等工種與材料的廠商分別談判，找到價格最低的單位合作，我可能只是議價的其中一個單位，在不打價格戰的情況下很有可能拿不到案子；而客戶需要至少十幾次的會議才能敲定合作廠商。這是我同理客戶的思考。

於是當時我不針對價格回覆，而是提出假設性提問徵得客戶同意，發起一個廠商會議，把各工種的認識廠商找來一次議價。眾廠商在會議中先行協議好，而客戶只要最後一個時間出席，跟各工種的代表廠商最後確認就好。這個流程我稱為篩選答案。

這個經驗可以說我把廠商資源運用出來，在我業務權限中協助客戶省時、省力、省費用；而客戶只要在一次會議中出席，就能得出結論，因為他會找的廠商已經私下協調過，不需要再分別開會議價，自然對這個方式非常滿意。整個過程變成我之後面對其他客戶使用的範例，可以在其他的專案中對照運用，讓其他客戶也類比辦理，同樣滿足省時、省力、省費用的需求。

這個經驗是我職涯過程中很重要的一個里程碑，幫我奠定在工程採購議價的一種新模式，也得到公司相當的肯定與重視。

關鍵作法：探索需求，並滿足需求

中間我運用了幾個「需求產品化」的方法，包括：

(1)探索需求：首先「同理思考」，試著站在對方的立場思考，進而可以向對方提出「假設提問」，然後「篩選答案」，或是提出「範例對照」。

(2)滿足需求：對方的需求是要解決什麼問題嗎？有沒有可能再提升其「性價比（性能／價格，俗稱CP值）」？或是提供更多的利益滿足？

荷蘭皇家航空觀察到，許多人揪團出遊時，無論是在時間、預算、或目的地的溝通上，都得花費相當多的時間及精力。看到了一般人的這種「不方便」，因此他們從網站上開發了一種新功能，只要用臉書登入，顧客可以同時跟十個以內的朋友直接溝通。這是同理思考的表現。

接著，假如想到歐洲旅遊，荷蘭皇家航空會提供五種歐洲行程建議，包含航班、住宿、行程各點……等，然後這十位以內的朋友可以直接在線上勾選理想的行程，也可以勾選不同意，並留下不同意的意見，以增進線上討論的效率。這是假設提問的過程。先滿足了大家對於旅遊行程的需求，之後將需求變成需要服務的產品內容。溝通完成篩選確認找到答案，直接訂購相關服務，購買已經產品化的需求服務如住宿、交通、餐飲……等等。

荷蘭皇家航空這個作法，堪稱非常典型而成功的「需求產品化」範例，就是讓客戶真實的需求被探詢，所要解決的是揪團旅遊凝聚共識的不便。接著透過專案管理的方法，將客戶所需的客製服務產品化，進而達成彼此滿足的目標。

但思考上若不是需求而只是「想要」呢？想要讓也許不是那麼迎合需求的產品或服務得到暢銷或重視，主要的任務是「刺激需求」。

所謂的「刺激」可以有多方層面，包括想要提升價值的「升級刺激」、因飢餓或恐懼原理而生的「缺乏刺激」、帶入人性價值或溫暖訴求的「情感刺激」、或是賦予特別加持的「意義刺激」……等等，都是可供著手切入的角度。

悠遊卡早期在中部尚無大眾運輸可供使用，僅能做為便利商店的小額購物，多數中部民眾並沒有需求儲值辦卡。當時為了開發中部的市場，悠遊卡公司與大甲鎮瀾宮合作，特別賦予意義而生產一組產品「大甲媽平安悠遊卡」。

「大甲媽平安悠遊卡」除了放在像香包一樣的「平安富貴御守」內方便隨身攜帶外，每一組都還特別在大甲媽遶境時加持，增加了特殊的意義。在這樣的「意義刺激」之下，雖然它的價格是一般悠遊卡的四倍，市場反應仍一片長紅。

可行性評估五大面向

探詢完需求，接著進入「可行性評估」，相關的原則，我稱之為「PNVR2」，即Point、Nature、Value、Resource、Risk。

這五個英文字，代表評估的五個面向：

(1) Point：這個問題需要被滿足的關鍵點是什麼？

(2) Nature：這個方案會不會違反人性？

(3) Value：具備足夠的價值或效益嗎？

(4) Resource：是否有足夠的資源可執行此方案？

(5) Risk：若有相關風險，是否可以承擔？

一個知名媒體人陳鳳馨曾在廣播分享過她女兒的故事：女兒學校舉辦校慶，全班必須參與大隊接力競賽。因為班上有一位身障的同學也渴望一起完成比賽，為了讓這位同學也能感受參與的樂趣，並擁有共同回憶，他們決定此次比賽「不求得名，但務必完賽」。

在這個例子中，「讓身障同學加入」是需求，而產品（或無形的「產出」）是「不得名但完賽」，評估其可行性：

(1) Point：協助身障同學一起參加大隊接力的夢想。

(2) Nature：協助同學圓夢不但不違反人性，甚至是非常好的情操。

(3) Value：完賽可以建立同儕情感，也能擁有共同回憶。

(4) Resource：身障同學需有一席參賽資格，完全可以做到。

(5) Risk：非常大的機會喪失名次，同學們決定不求獲得名次，風險變成可忽略。

因此可以得到評估結果，在「圓夢」大於「名次」的思考下，此方案非常具備可執行價值。

培養對他人需求的洞察力

需求產品化，意味著必須對於「需求」具備一定的洞察力，但這種洞察力要如何訓練或培養？

不妨問問自己，在日常生活中，當我們聽別人說話時，能否聽到對方「更深一層的意義」？

譬如，主管有訪客，因此說：「幫我倒個水過來！」這時我們腦中可能在思考：他要的是兩杯水、還是兩杯再外加一壺水呢？

這樣多想一下，觀察主管的會客，可能就發現這是長談的會議，還是主管可能想盡快結束的會客，進而決定是否外加一壺水。發掘對方話語背後更清晰的需求，這是每日在生活中隨時可作的自我訓練。

許多時候，從人們的話語中聽不到直接的需求，這時我們可以試著「逆向思考」。譬如，某人在我們身旁嚷著：「啊！有錢真好啊！」這句話本身看不出「需求」；但若是反向思考：「有沒有可能他對金錢感覺不滿足，所以說出這句話？」

他人的不滿足，就是你的商機所在

當發現人們在生活中感到不滿足、或是產生不便，便可進一步思考：「這個不好用、或不方便，我可以提出解決方案嗎？」而這正是開啟任何商品、服務商機的開端。

日本便當.JP（bento.jp）創辦人暨執行長小林篤昌發現，上班族中午在辦公室用餐時，常常只能在便利商店打發。為了要提供其他同樣為午餐所苦的上班族一個新選擇，他在二〇一四年創立bento.jp。使用者先在App上註冊，就可以在每天上午十一點半前透過手機訂購午餐。

bento.jp每天只提供一款便當，但每天都會更換菜色，還邀來前法式料理主廚掌廚，營造出一種「天天開獎」的消費感受。加上配送服務，每份便當的價格是日幣八〇〇元（約合台幣二四〇元）。

此外，我目前投入的教育訓練業，也是不斷地在進行「需求產品化」。

首先我們思考：學員的「關鍵需求」是什麼？從表面上來看，教育訓練的關鍵績效指標（Key Performance Indicators，簡稱KPI）可能是團隊凝聚共識、提升領導力、EQ管理……等；但從更深層來看，學員的心理需求可能是上課互動更開心、課程帶來樂趣、或是可以更有效地學習……等等。

邀課單位的需求，包括老闆的需求如績效提升、與人資單位需求如教育訓練獲得滿意，因角色不同，各自都不一樣。作為一個「講師經紀媒合」的專業平台，我們必須對所有需求保持敏感，並在產品設計時一併列入考慮，轉化為可行、具「市場競爭力」的課程產品。

從生意角度來看，這都是洞察需求，找出彼此利益需求，化為可行的商品或服務，或打造商業模式，將之「變現」的案例。

「我」也是一個產品，能否與他人需求連結？

再舉一例，財團法人江華教育基金會是以教育公益活動、促進社會進步為宗旨，因此募得款項，主要在照顧偏鄉及弱勢族群的教育為主。而我本身經營的勵活課程設計中心探詢出江華教育基金會需要讓更多人認識，募得款項照顧更多需要透過教育來提升改變的偏鄉弱勢單位；因此我們主動提出合作方案，協助江華教育基金會辦理公益講座，公開邀請民眾與企業參與，並鼓勵付出公益行動。

我們提出的合作方案滿足了：

(1)讓更多人認識江華教育基金會，與了解他們正在努力的事蹟，邀請募款共襄盛舉。

(2)讓更多好講師付出愛心，透過公益講座讓需要辦理教育訓練的企業認識，有機會獲得邀請。

(3)讓更多偏鄉弱勢的單位，藉助公益講座的入場費及募集款項，獲得教育陪伴。

(4)讓更多善的行動及付出，擴大影響其他許多尚未採取行動的人。

(5)若有教育訓練需求，有很大機會讓勵活課程設計中心來提供服務。

從「需求產品化」的角度來解讀，我們探詢後獲知江華教育基金會的需求，並結合勵活本身可動用、執行的資源，透過專案化的合作，設計出實體公益講座〈產品〉，這產品並同時滿足了江華、企業、民眾、講師、及偏鄉弱勢族群多方位的各類需求。

而可行性評估：

(1)**Point**：確認江華教育基金會及講師的需求可以結合；

(2)**Nature**：學習及做公益是符合人性的思維；

(3) Value：好的講座可以帶來宣傳、公益、學習、呼籲行動的多方效益；

(4) Resource：江華教育基金會的宣傳、講師的授課、勵活課程的活動辦理都是相關各方的優勢資源；

(5) Risk：相關風險是學員不足可能產生的場地費負擔，完全可以承受。

因此，一個職能成長公益講座就自然產生了。

從江華教育基金會的案例可以反思，每個人都可以思考：我本身的優勢能力與資源，可以和什麼相關的人員、單位產生連結，產生什麼有價值的實體產品或服務來滿足對方的需求，從而讓對方也回饋我們的需要呢？

當我們先站在對方的角度上思考，滿足了對方需求，一個能夠回應自己需要的可執行方案就會有共鳴；接著客觀評估可行性，考慮其風險承擔，一個有價值的產品就可能產生。

因此，「產品需求化」可以說是一個人從生活到職涯、解決問題到創造價值所必須具備的重要能力！

my profile

黃聰濱小檔案

勵活課程設計中心 執行長
《做自己的勇氣》 作者
1766 網路廣播「潞 Talk 社」 節目主持人
靜宜大學千里馬計畫 專案顧問
台灣癌症基金會種子講師培訓 班主任
江華教育基金會職能成長公益講座 專案顧問
勵活文化名家之夜公益講座 專案顧問

專案管理

顏苾盈

顏苾盈的專案管理金鑰

人生是由大大小小的專案組成，而其中的意義與精彩度掌握在自己手裡。

我們家有三個孩子，而我是唯一也是最小的女兒，從幼稚園到大學，每天都是父母載我上下課，感受得到父母親很保護我。但不是所有的獨生女都嬌寵，像我的個性就比較獨立；而且，凡事喜歡追根究柢。

還記得小學有天父親買了一桶棒棒糖給我，我吃不完，所以帶去學校賣給同學，但老師告訴我不可以。於是我跟老師起了爭執，對老師提出疑問：「請老師告訴我，到底是哪條校規規定我不可以賣？」

到大學以後，我喜歡跟團體互動；在學期間，我參加了很多社團，從群體中的個人，到團體的領導人，從中得到許多經驗。

在大學時擔任過學生會的會長，也擔任過學生議會的議員。由於母親長期擔任志工，受到她的影響，我也一直參與志工工作，甚至擔任學校志工服務隊的隊長。我也是從學生時代就參加國際志工的工作，直到現在都沒中斷過。

因為對志工熱情的投入，我甚至曾經因此與家人發生爭執。幸好有一次，父親參與了我的志工分享會，因此了解了志工團隊的工作，知道我們在其中學會了什麼，從此不再阻止我。

因為現在業務的工作，讓我能走出台灣體驗不同文化，去過菲律賓、韓國、日本、泰國、大陸、美國，雖然花費很多時間跟金錢，但是我覺得能夠邊工作邊體驗人生，是很值得的一件事情。

我現在還繼續就讀台灣師範大學公民教育與活動領導學系在職碩士班，課程內容主要在探究體驗教育的過程及方法。大學時代，我是在台下聽別人講話的人，也許因為他人的一句話，而改變了自己；如今的我，經常是在台上講話的那個人，也希望聽講的人，能因自己的話改變思維開始行動。

社團經驗與業務工作，培養我成為講師

由於大學讀的是金融保險相關業務，畢業後，我到保險公司從事業務工作。剛開始父母親很擔心，但因為我的專業、努力、及一些個人特質，我得到了一點成就，也得到父母的認同。

在過往的志工經驗中，不僅是服務，我也有累積了許多教育訓練的經驗，例如「品格教育」；我也曾經是救國團暑期活動的召集人。這些經驗對我很重要，在過程中我學會統合成員、成立組織，達成共同目標，每件事都讓人非常有成就感。

進入職場後，因為擔任業務工作，我更必須帶領團隊、激勵團隊，針對不同特質的個人妥善地溝通協調，這些都成為培養我講師能力的基礎。

而後，除了在保險公司的講座及訓練，我接觸了很多業界以外的其他講師工作，受

邀到各級學校及社團講述不同的主題，提供不同的引導。

在學校經營社團，在公司帶領團隊，承接不同領域的專案，這些都是一種訓練，訓練團隊成員，也是訓練自己。每一個團隊目標就是一個專案目標，需要由大家共同協力完成。

在這個過程中，不但要顧及團隊中不同成員的特質，分配適合的工作，也要學習相關的技能，甚至要多學習一些專業知識；每完成一個專案，就是達成人生的一個里程碑。

在眾多的講師群中，我自許是年輕、新時代的講師，擁有直爽、率真的個人特質，用年輕的活力、敏銳的觀察、耐心的傾聽與直率的溝通，把我的經驗分享給大家，期待所有成員共同成長。

專案可以很隨心，想做就做

談到「專案管理」，其實不必那麼嚴肅，可以說生活中處處有「專案管理」。當你有了一個目標，想出方法，確實執行，那就是一個專案！我舉一個「隨機拜年」的例子來說，那就是我的一個專案，而且已經持續了四年。

前幾年的農曆春節期間，待在家裡實在太無聊了！很多朋友回中南部過年，也有很多朋友在家陪伴家人，於是我跟以前救國團的學姐和朋友，共同舉辦了一個「隨機拜年」的活動。

沒有特定的目標，我們去到一個地方，大家拿起手機，找到當地朋友的地址，然後到他家門口打電話給他，告訴他我們來拜年了。見到面以後，大家在街上一起唱個「莫忘初衷」的歌，慶祝新年。

第一年，我們從台北到鶯歌，一路去到了新竹，沿途我們拜訪了20個左右的朋友。他們覺得很奇怪，為什麼我們要做這個活動？

我們的想法其實很簡單，年輕的時候，我們同在一起，但或許五年、十年後，因為人生的際遇，我們不能常聚，甚至不能相見；然而希望大家知道，朋友的感情，可以恆久不變。

就是這樣的感動與驚喜，讓這活動延續了四年。我們拜訪自己的朋友，也拜訪朋友的朋友，雖然有些人住得很遙遠，甚至不在國內，我們仍然可以透過視訊，繼續「隨機拜年」的專案，聯繫彼此的感情。

這就是一個很簡單的、生活中的「專案」。

個人也可以完成一個「專案」，你可以給自己設定一個「可以達成」的目標，例如，下定決心這個月要減少一公斤的體重，然後開始思考及規劃：每天要做多少運動，攝取多少卡路里，哪些飲料只能飲用多少；寫下來，努力執行，並做進度的檢查及記錄，一個月後，回顧自己的成果。

在生活上，用有效率的方法，做完一件事，達成讓自己變得更好的目標，那就是完成了一個「專案」。當你完成的專案愈多，你就變得愈好愈有自信。

專案可以很專業，用對人、方法、溝通的方式

談到職場中的「專案管理」，不可否認地，這樣的專案有比較龐大的組織與相對嚴肅的目標。我們應該區分為「人」、「事」、「時」、「地」、「物」，分別作規劃。

用例子來說明，當你的團隊接到公司指示，要舉辦一個新進人員的訓練計畫，你該怎麼做？

在「人」的部份，首先要了解會有多少新進員工來參加？而新進員工的背景是什麼？要聯絡哪些主管來授課？團隊裡面有多少人可以參與並支援這個專案？……等。

在「事」的部份，要安排成員做些什麼？哪些成員要整理場地？哪些人員要採辦餐飲？哪位同仁負責記載帳目？要花費多少時間影印講義？甚至是否聘任專任講師來授課？

在「時」的部份，有多少時間作準備？在哪個階段要完成哪些工作？要預留多少時間，應對萬一不能及時完成某項工作？

在「地」的部份，預先勘查場地，會場的安全逃生及消防設備是否合規定？會場要如何佈置？電源在那裡？洗手間及相關場所的指引如何？

在「物」的部份，公司提供多少預算？要準備多少餐飲？要準備多大的投影機？要多長的電源線或訊號線？是否要幫講師準備雷射筆？

最後，把所有該完成的事項，以甘特圖（Gantt Chart）的方式，作成一份進度管制表。管制表中包含應執行事項、負責人員、達成進度，並隨時追蹤檢討。

合理的分配工作及良好的溝通，是完成專案的兩大關鍵。首先，team leader 千萬不要有「能者多勞」的想法，你分配過多的工作給能力強的同仁，其實等於是在累積壓力。

每個成員都有不同的人格特質，透過觀察，要能恰如其分地分派工作。例如，一個靦腆內向的同仁，就不適合去做接待這件事，但他可以把帳目計算好，沒有遺漏。

團體在共同合作、完成目標的過程中，難免會有一些意見或不同的聲音，這時候，就需要良好的溝通。適當地傾聽，協調不同的意見，才能幫助成員及團體解決問題，成功地完成專案。

結合 To-Do List 及 Get Things Done，才能事半功倍

「在有限的時間內，結合所有成員的力量，用有效率的方法，達成預定的目標」，這就是專案管理的定義。然而，什麼是「有效率的方法」？

「To-Do List」是每個專案管理人都能琅琅上口的作法，是一種很有效率的專案管理法，但是很多人對「To-Do List」的認知，還停留在「待辦事項」的階段。很多時候，這些工作是延遲完成，甚至要到隔天才能完成。

不斷地累積「待辦事項」下，不但沒有辦法適時及完美地將專案完成，還會造成自己持續的壓力。那麼，你是否用了正確的方式，來使用「To-Do List」？你是否確實地管理及執行了你的「To-Do List」？

列出「To-Do List」之後，你應該更明確地定義你的下一步，也就是「Next Action」。在你的「To-Do List」中，也許有這樣的例子，「五天之內，我要提出新產品的企畫案」，但在你執行的過程中，你會發現有很多事要做，要蒐集市場資訊，要做出成本規劃，要初步構思行銷方法，要花時間作簡報。

如果你只是把這些事項放在「To-Do List」裡面，那只是初步的項目，而不是行動。做什麼？怎麼做？誰去做？什麼時候做好？做好沒？這是「GTD」（Get Things Done，意即把事情通通完成）的觀念，結合「To-Do List」，才是真正有效率的專案管理方法。

傳統的時間管理觀念，講究的是「由大而小」，先設定大目標，再規劃中目標，最後規劃細部行動。而GTD的時間管理方式則強調「由下而上」，先不要管大事小事，先把要做的事列出來，然後仔細整理及管理；當你發現你已經掌握了所有事情，就知道怎麼去做取捨及安排，專注地做出規劃，並確實執行。

確認目標，善用工具，有效率地達成目標

「專案無所不在」，在工作上，在生活中，我們無時無刻不在執行專案。「關鍵績效指標（Key Performance Indicators，簡稱 KPI）」，又稱主要績效指標、重要績效指標、績效評核指標等，在專案管理中，是很重要的一種評量工具。

在許多人的觀念裡面，「KPI」是公司所設定的指標，被指定的各個部門都要盡力完成。但我們應該了解「KPI」是如何設定的？又是如何幫助我們管理及達成專案？

「KPI」的觀念來自於「八〇／二〇理論」：一個企業體系內，八〇％的價值是由二〇％的關鍵員工達成。而在員工個人身上，八〇％的任務是由二〇％的關鍵行為完成。怎麼找到合適的人員，怎麼找到關鍵的任務，並設定指標且將其數據化，這就是「KPI」的目的。

「魚骨圖」則是一個設定「KPI」的有效方法。魚骨圖（Cause & Effect／Fishbone Diagram）是由日本管理大師石川馨先生所發展出來的，又名石川圖。它是一種發現問題「根本原因」的方法，也可以稱之為「因果圖」。

以團體要達成的最高目標作為魚頭，集思廣益，分析各個主要因素，進行邏輯性的思考跟分析，畫出魚骨圖。在設定個別目標後，將目標變成可以明確了解的數據，將工作分配給適合的人員或部門，分工並合作，共同來達成。

現代的專案進度管理，也逐漸擺脫會議的方式，各個單一任務負責人，依據管理日程，做出進度報告，透過社群軟體或 e-mail 等，傳給專案領導人，共同掌握專案狀況，節省許多會議時間及不必要的書面報告。

Excel 亦是專案管理中不可或缺的工具，除了內建的分析圖外，多學習一些函數設定及方法，例如交叉分析篩選器、或是樞紐分析法，都能幫助專案管理人快速並有效地掌握專案情形。

如果你沒有時間去作甘特圖，或覺得做「To-Do List」很花時間，那麼，使用「Trello」雲端服務是一個不錯的方法。它是一個免費的軟體，就像一個大黑板，可以在上面列出所有任務、資料、各種大小事，然後依據進度分組排列好，讓你的所有任務、想法、資料、討論通通變得「井然有序」，很快地就能找到解決問題的方法

有愈來愈多公司提倡部份性的「不在辦公室工作」，尤其是業務部門。科技愈來愈

發達，工作上的問題，隨時可以用手機討論，甚至可以透過社群軟體或網路電話中的多方通話功能，舉行跨部門的線上會議，隨時解決問題。

在類似的概念下，許多專案管理人運用雲端硬碟，例如 Google Drive 及 Quip，在安裝各種 App 後，就可以在雲端上編輯各種檔案。簡單地說，就是所有團隊成員共用了一個網路辦公桌，大幅縮短並減少溝通及資料公佈的路徑，讓「合作」變得更加簡單。

專案結束後，不要忘記結案

沒有一個專案管理人，一開始就能做到最好。同時我們要有一個觀念，「專案完成」並不代表「專案結束」。當專案執行後，是否能達到預期的效果，才是專案是否成果的關鍵。

無論專案的執行結果如何，在「專案管理」的最終階段，還要有很多要做的事：

(1)完成所有成果統計，並將整份專案的資料及文件儲存保留。

(2)檢討及思考：執行專案時有哪些不足？是否有些事項可以做得更好？這份專案解

決了什麼類型的問題，或者達成了什麼樣的成效？在這份專案的基礎上，是否可以發展出其他的能力，作為將來某些專案的運用？

(3)是否發現了專案小組人員的新能力，是否與專案小組人員建立了良好的關係？是否從其他成員身上學習到新的觀念或解決問題的技巧？

(4)盡可能地將專案執行結果數據化，做出分析；檢討專案執行時的狀況，思考可能的變異性，並且作成記錄。

召集專案小組成員舉行結案會議，是必須的。並不需要是非常嚴肅的會議，而是正面地面對過程中所發現的問題，分享彼此的經驗，討論是否有更好的做法，共同分享成果，無論是好是壞。

專案管理人需要的素養

要完成一份的專案，其實並不容易，當然必須具備一些的專業能力，包括數字分析的能力、解決問題的能力、領導統御的能力等等，但我還希望特別強調觀察力、親和力，及不斷的自我學習及檢討。

要統合組織，必須先了解成員的人格特質；要解決問題，必須先發現問題，所以培養自己的觀察力很重要。在求學到就業的過程中，我一直訓練自己，並期許自己要累積這樣的能力。例如，如何在群體中發現與自己志同道合的成員，如何在簡單的對話中初步了解對方，如果在雙方的爭執中找到矛盾的那一點，在問題中看到原因等。

觀察力的培養可以從日常生活做起，首先不要盲從，不要人云亦云，要看到事物的本質。如我前面提到的例子，小學老師不讓我在學校賣棒棒糖，卻沒有告訴我是哪條校規、或什麼原因，所以我不可以做這樣的事。我可以服從於道理，但不會盲從。

另外要擴充自己的生活圈子，多接觸不同的人，聽不同的話，並且學會「有效地說話」，表達切中主題，還要學會「聽到重要的話」，能迅速而且明確地了解對方的想法，或者他所想要表達的意見。

最後建議要專注於思考，具備思辨的能力。當發現問題時，不要過度主觀，不要用「想當然爾」的模式也就是「應該如此」的方式去思考，而要從多方面去看、去想、去聽，總結所有想法，最後找到問題的根源及解決問題的方法。

親和力也是專案管理頗為重要的一個環節，沒有人願意跟一個過度自我中心的成員或領導人共事；而只願意活在自己的同溫層、不接受其他想法的人，也絕對無法做好專案管理的工作。

要培養親和力，一定要隨時保持樂觀與開放的心態，能接受不同領域的人，了解並理解他們的作為。學會聆聽，學會設身處地、站在對方的立場來思考，當你能與對方的情緒及處境同步時，你的親和力就建立起來了。

另外就是養成「中性」的力量，讓自己更能客觀待人。盡量表現出與對方的共同點，不要刻意顯露與對方的不同點，在我們得到別人的認同之前，我們要先學會認同別人。破壞溝通最常見的例子，就是直接指出對方的錯誤；學習用中性且委婉的方式表達，自然就能找到溝通的關鍵點。

你可以從很簡單的方法開始，經常微笑，不要皺眉，眼神直視，隨時準備溝通，保持尊重、有禮貌的態度，放慢自己講話的速度，不任意發怒。很快地，你會發現周圍的人開始喜歡親近你，這時候，你的親和力就開始展現了。

每一天，當你完成了生活上的一個目標，或是完成了工作上的一個目標，或者當你完成了某個人生階段的目標，在零碎的時光切片裡，你就是完成了一個又一個的專案。無論這個專案是否結束，是否成功，希望你都能靜下來仔細回味這個歷程。仔細想想，在這個歷程中，你的心態是經過了什麼樣的變動？是不是仍有更好的方法，讓執行的專案更加完美？……

不斷地自我學習，自我檢視，站在經驗的肩膀上，你肯定會看得更遠、做得更好！

my profile

顏苾盈小檔案

享受生活意義的生活哲學家顏小邁，演講達二八〇場、自辦活動超過六〇場、擔任國際志工長達六年、單車環島九六一公里、徒步健行美國大峽谷；就算被當成從幼稚園一路被爸媽接送到大學畢業的媽寶，仍堅信能活出屬於自己決定的斜槓人生。

Part 2

人際勝任力

同理心
人際關係
價值聚焦
教育訓練能力
內外部人才協作

同理心

史庭瑋

史庭瑋的同理心金鑰

我進入你的世界，感受你所經歷的一切，
聽見你最想說的話，了解你的每個感受與需要；
此時此刻，我懂你，我與你在一起。

歷經了十一年的生命成長學習，我從一個原本只是不斷為人付出，卻忽略照顧自己的人，到成為一個能夠愛自己，自我陪伴與照顧，擁有真正愛的能力，為人付出的助人工作者。這個過程，雖然不容易，但卻是極為珍貴的歷程，伴隨著許多眼淚與感動，帶著自己成長。

同理心在我的生命歷程中，扮演了很重要的角色。

在過去，我習慣同理別人，用別人的角度看事情，以別人的感覺和需要為優先，卻很少同理自己，時常壓抑自己的感受；習慣討好別人，委曲求全，對於別人的要求很難拒絕，擔心拒絕會破壞關係；有許多說不出口的話，笑容的背後，是渴望被了解的心；不斷付出，希望從付出的過程中得到肯定與價值感，因為能看見別人的笑容，是我最開心的事，卻忘了問自己：「你，開心嗎？」

即使遭遇被佔便宜、欺負或惡意中傷，感到難過委屈，依然選擇默默承受，相信時間會證明一切，忍過了就會海闊天空，卻沒想到，這樣只會讓人得寸進尺，超越界限，讓「我」漸漸縮小、消失，找不到自己在哪裡。

這些被隱藏起來的真實感受與需要，沒有因為刻意遺忘而消失，那些記憶儲存在潛意識裡，當被觸碰到傷口時，一觸即發，變成各式各樣的情緒，傷害著自己，也傷害著關係。

直到有一天，第一次感受到，同理自己的感覺，原來如此溫暖，我的世界也開始變得不同。

從生命的傷口 到生命的窗口

小時候，父母關係很好，但母親批判掌控的管教方式讓我感到窒息，對自己時常沒自信，習慣自我批判，害怕犯錯，不斷想追求更好的自己。當時因為跟母親相處關係的困難，以及在親密關係中的挫折，使我踏上了追尋生命成長的路。

二〇〇八年，是接觸生命成長課程的起點，當時習慣用頭腦思考的我，還無法體會太多，只覺得這些道理我都懂，但有時還是會被情緒或身體的不適影響，在關係中也常失去自我，卻不明白為什麼。

那時的我，同時做著業務工作，並在社團擔任幹部，想靠著做很多事證明自己的價值與重要性。記得有次遇到讓人難過的事，朋友一句：「你知道你有多重要嗎？」我的眼淚就忍不住滑落。

原來，那時的我，很希望在別人眼中是重要的，但卻從來沒有看見自己是重要的；很希望在別人眼中的自己是很棒的，但卻常自我批判，不斷告訴自己：「你做得不夠，還要更好！」

直到在感情中遭遇挫折，以及在社團中被惡意中傷，讓我更深入地面對自己，開始整理自己的生命歷程。從了解父母的成長過程與心路歷程開始，了解父母怎麼長大，家族裡的重大事件，以及他們曾經歷了什麼，更理解父母在經歷這些成長過程之後，對待孩子的方式，已經比他們的父母來得更好，更不容易了。

透過了解父母，了解他們與祖父母的相處，我開始看見在他們情緒背後的感受與需要，看見憤怒背後的擔憂，看見擔憂背後的在乎；看見掌控背後的不安，看見批判背後的自責；看見他們有多麼在乎，在乎著關於孩子的一切，只想給我們最好的。那一刻，心裡有一股暖流流過，淚水也止不住地潰堤。

我整理了生命中每一年發生的事，從還在媽媽肚子裡那年開始，家裡發生了哪些事，記錄生命中的重大事件，以及對自己帶來的影響。已經遺忘的就去找尋，不清楚的就去詢問。透過對自己和家庭系統的理解，我看懂了父母，看懂了自己，也看見背後龐大的家族系統，那些來自祖輩的力量。

在親密關係中，我複製了媽媽對待爸爸的模式，也承接了許多來自媽媽的情緒，想替媽媽發聲，對伴侶的選擇也受到爸爸的影響，容易選擇到性格很像爸爸或完全相反的對象。有這層覺察後，我開始試著把不是自己的情緒還給命運，漸漸地，脫離了家庭的複製，擁有自己的人生。

經過這樣整理的過程，並回溯童年與成長階段，為當年的自己做表達，寫信與回信，對內在小孩以及重要他人，道歉、道謝、道愛、道別，擁抱內在的自己，並時常與內在小孩對話；透過安靜覺察，每個感受與需要，都被自己了解。漸漸地，內心的傷口開始癒合，愛開始流動，心，回到了家。

在愛中自由 從愛自己那一刻開始

聽過鹽水與手指的故事嗎？鹽水就像外在刺激你的人事物，手指就是我們柔軟的心，當它受傷了，遇到鹽水，會覺得好痛好痛，引起強大的情緒反應，我們可能會指責鹽水為什麼要讓我們受傷，卻忽略了，那些我們沒有看見與處理的傷口，一次又一次地影響著我們，成為自己的地雷區。

那些內心曾經受傷的地方，碰到鹽水就痛的傷口，當被我們看見與療癒，再次碰到鹽水時，就不會再疼痛，取而代之的，是內在的平靜與穩定。

當我理解爸媽、祖父母，與家族裡每個成員的不容易，看見背後愛的流動，如實接受命運安排與生命本質，看待父母的方式和感受也變得不同，看待自己也更加不一樣。看見生命的本質，愛與接納自己的每個面向，看見獨特、珍貴、美好的自己，原來，一直都在。

我們如何看待自己，也是吸引別人對待自己的方式。當我開始愛自己，能夠為自己設立界線，自尊、自重、自愛，生活裡那些佔便宜、欺負、惡意中傷的人也不再出現，我看見更多真正愛我的人；即使再次遇到類似狀況，也已不再影響我，因為我明白，一切都是自己的投射。

當我們清楚自己是誰，同時也能看清楚並同理別人的生命歷程，也會有更多對人的慈悲、理解與釋懷。

生命裡的每個安排都是禮物，不了解的歷史，會重複下去；當看見歷史，了解歷史，就能走出歷史，創造屬於自己的故事。

踏上講師之路 成為關係療癒師

關係，是我最有熱情的領域。在價值觀排序中，愛、智慧與利他一直是我心目中的前三名。探索關係，對重感情的我來說，是生命中很重要的一部分。

熱情的定義是什麼？就是會忘了時間，即使沒有錢也願意持續去做的。在投入生命成長領域後的每個月、每一年，我總是投入許多心力時間在諮商領域與身心靈領域的學習與實務訓練，至今十一年從不間斷。二〇一四年，藉由百年樹百人的講師培訓，我踏上了講師之路，創業的心也開始萌芽。

二〇一五年，透過七個月的華人行動海外生命工作服務，在大陸、馬來西亞和香港，團隊一起陪伴數千位生命，舉辦數百場工作坊，經歷無數感動，我更加找回了自己，也更確立了這是我的熱情與使命。

回國後，二〇一六年初，我創立了心起點有限公司，希望陪伴更多人愛自己，擁有幸福關係，活出快樂自在的人生。

二〇一八年，透過十日內觀的歷程，擁有更多平等心與自我覺察的體驗，更經驗到所有人事物都是中性的，用什麼眼光看世界，就擁有了怎樣的世界。面對生命中的變化與無常，我更能用平靜的心去面對。

同年，我確立了自己的定位——「關係療癒師」，透過數年來所學習的數十種工具，透過有效的方式，協助每個人擁有美好的關係。在五大關係領域：親密關係、家庭關係、親子關係、金錢關係、身心健康關係（自我關係），都是我的專業領域。這些年來，已經陪伴了數千人擁有幸福關係與快樂生活。

經營好的關係，最重要的就是同理心。同理心，不是給予我們認為別人需要的，而是換位思考，理解別人的感受與需要。當能站在對方的角度思考，就能用好的方式溝通，關係也會更幸福。

同理處境 不代表認同想法

有些人對同理心存在著誤解，認為同理心是否就要認同對方的觀點？其實同理心在於「理解」對方的處境、感受、想法和需要，但不一定要認同。

同理心的前提是，放下個人的預設立場與想法，否則容易落入論斷與標籤。

舉例來說，如果有一個劈腿或外遇的人來找你訴苦，談到他在不同關係中的煎熬，如果抱持著「劈腿外遇就是萬惡不赦」的想法與他對話，可能不用談多久，就產生許多個人情緒，而聽不見他正經驗到的處境、心情與需要。或許看到這裡你會困惑，劈腿者為什麼需要被同理？這個想法，就是一個論斷與標籤的開始，如果這個預設立場沒有被放下，我們無法真正聽見來自這個人心底的聲音，也無法去同理他。

通常外遇與劈腿的背後，有著來自原生家庭的影響，可能原生家庭中缺乏被愛的經驗，需要透過很多人來滿足內心渴望被愛的需求，或是在原本關係中，有許多不被理解的情緒與需要。

一個結果的發生，背後可能有著複雜的原因，放下預設立場，我們不需要認同對方的想法，但當你同理他的心情與需要，內在的脆弱就會開始瓦解，發現內心真正的渴望與期待。

同理有「五不」原則：不批判、不論斷、不指導、不拯救、不急著想改變他人，如此同理才能真正發生。

同理不等於同情

同理與「同情」不太一樣，同理心是彷彿身歷其境別人的處境，真正感受到對方的感覺；同情心則是站在高處，希望拯救對方，給予對方自認為需要的幫助。

如果用下雨天來比喻，一個失戀的人，不想看到自己的淚水，選擇在雨中哭泣，同理心就像在雨中陪著對方一起淋雨，感受他淋著雨的傷心；而同情心可能是馬上給對方一把傘，讓對方不要繼續淋雨，希望他趕快開心起來，淡忘傷心的感受。

同理心的人能體會對方此時此刻的心情，可能會說：「這種痛苦的心情，真的很不好受，謝謝你告訴我，我會陪你一起度過。」但抱持同情心的人，可能希望馬上讓對方好過一點，為了安慰對方而淡化或扭轉情緒，否定對方的感受：「這有什麼好哭的！天涯何處無芳草，再找下一個就好啦！別哭別哭。」

當我們正經驗的情緒被否定，而有一個人站在高處，希望來拯救我們，那會是怎樣的感覺呢？可能會感受到自己的傷心沒有被了解，還要靠別人來安慰、拯救，自己好像很糟糕，心情跌到了谷底。反之，如果這些心情能被同理，那些深層感受與需要被看見、被了解，這樣溫暖被接納的感受，反而能使情緒舒緩下來，漸漸恢復穩定。

另一種狀態是太過共情，進入對方的狀態，感受他的情緒，卻讓自己的情緒跟著受到影響，哭得比對方還慘，或是跟對方一起哭，這也不是同理，反而變成掉入對方的情緒中，成為自己過去經驗的投射。這種狀態下，會讓跟你訴說的人也跳出他的情緒之外，不知道該安慰你，還是繼續訴說他的難過。

同理心四大關鍵 帶來覺察與改變

同理心有四個重要的關鍵：

(1)換位思考：能站在對方的立場與情境中，理解他的反應、感受與需要。

(2)尊重對方：放下自己的預設立場與既有觀點，不評論、批判或給建議。

(3)傾聽能力：體會對方的真實深層情緒，聽見感受背後的需要與期待。

(4)反映狀態：簡述語意重點與反映情緒，協助對方了解他的感受與需要。

當能同時做到這四點，訴說者會感受到被全然地理解與接納，內在感受到穩定安全，開始對自己產生覺察，引發新的想法與改變的動力。

改變的發生，通常來自於自己內在想改變，而非別人的要求，允許每個人用自己的速度來覺察自己，而不是急著拯救或教導別人要怎麼做。慢慢來，讓改變自然發生。

同理前 先辨識四大情緒與強度

人的基本情緒有四大類：喜、怒、哀、懼。

這四大類情緒，隨著感受到的程度差異，形成不同的情緒強度。以量尺一至十分來比喻，一是強度最弱，十是強度最強，一分的喜，可能是開心，十分的喜，或許變成狂喜；一分的怒，可能是不悅，十分的怒，或許是暴怒或憎恨；一分的哀，可能是失落，十分的哀，或許是痛苦；一分的懼，可能是擔心，十分的懼，或許是驚恐與驚嚇。

情緒也有時間性，當我們在敘述「過去」的事，通常代表期待落空，好像失去了什麼，反映「哀」的情緒；敘述「現在」的事，通常代表被激怒、不滿意或感到自責，反映「怒」的情緒；敘述「未來」的事，通常代表對未來有擔憂，還沒準備好面對，反映「懼」的情緒。

以時間來標記情緒，沒有絕對的標準答案，也有例外的情況，但可以作為一個反映情緒的參考指標。當我們能標記與反映出述說者的主要情緒，關心對方真正在意的深層問題，就能讓他感受到被懂、被理解的感覺。

情緒的三種層次 穿越表象後的真實

情緒有三個主要的層次：初始情緒（原始情緒）、次級情緒（表層情緒）與工具性情緒。

「初始情緒」是我們的「真實情緒」，然而因為受到原生家庭與成長環境的影響，真實情緒可能會受到扭曲，使我們用壓抑、隱藏、逃避等方式去應對原始情緒，以相對被允許接納的「次級情緒」呈現出來，也就是一般的「表層情緒」。

一個母親擔心孩子很晚了還沒回家，可能會憤怒地指責孩子，這個憤怒就是表層情緒，然而在憤怒的背後，其實真正的原始情緒是擔心與害怕，擔心孩子遇到危險。

而「工具性情緒」，是為了達到某種目的產生的情緒。例如孩子為了得到某個玩具而開始哭鬧，等到爸媽買給他之後，就安靜下來，這就是工具性情緒。

看見深層的真實情緒，而非反應出的表層情緒，需要用心與耐心地傾聽，以及同理心的訓練，可以靠相關課程與平常多練習，慢慢培養出對真實情緒的敏感度，敏銳覺察他人的真實感受與需要，看見心裡的在乎。

同理心的兩個層次 帶來同理的深度

同理心有兩個層次，包含初層次同理心與高層次同理心。

初層次同理心，是透過「簡述語意重點」加上「感受」的回應，幫助對方理解自己的情緒；而高層次同理心，除了「簡述語意重點」與「感受」外，更反映出感受背後的「需要」和「期待」。

舉例來說，有人考試落榜了，初層次同理，可能會回應他：「這次考試沒有上，讓你感到有些失落。」同理他的情緒；而高層次同理，可能會說：「這次考試沒有錄取，讓你感到滿失落的，你希望能夠考到好成績，讓父母感到驕傲。」反映他背後的需要與期待，讓他看見在考試背後追求的目標，原來是父母的肯定與認同。

透過初層次同理，我們讓人感到情緒被理解；透過高層次同理，讓人感到自己被懂、被接納，好像有個人在身邊，陪自己一起經歷這一切。

非語言的覺察 看見隱含的訊息

同理不只是語言上的同理，非語言也非常重要，包含表情、動作與肢體語言。有時候，對方說了什麼並不一定是重點，在內容之外，非語言也反映了不同的訊息，甚至當語言與非語言不一致的時候，我們也能去反映這些細微的差異，以及深層的真實心情。

我曾遇過一些來訪者，微笑訴說著傷心的故事，這個笑容往往反映了他應對情緒的模式。此時可以進一步探問：「當你說這些難過的事，卻露出了笑容，這個笑容對你來說的意義是什麼呢？」

有些人，則是訴說到一半，突然鼻頭一酸，卻又很快把眼淚吸回去，這時候可以反映：「剛剛我看到你眼角的淚水，這個淚水如果要對你說一句話，它會說什麼？」透過探問，能讓來訪者對自己有更多覺察。

全身心地去感受來訪者的所有狀態，包含任何不經意的動作。我曾反映來訪者摸脖子的動作，他說：「因為我感覺有話卡在喉嚨，說不出來，這樣可以幫我舒緩。」而另一位來訪者告訴我：「好像小時候曾經有人掐過我脖子，我會習慣三不五時摸自己的脖子。」從這些非語言訊息，都可以得到許多珍貴的資訊。喉嚨的生病，有時也反映了內心有許多說不出口的話。

同理別人前 先同理自己

我周圍有許多人，在生活中習慣扮演照顧者或拯救者，不斷付出與照顧他人，卻忽略了自己的身體與心情也需要被照顧。

同理心很重要，然而，在同理別人之前，別忘了先同理自己。

我們能給出的深度，取決於自我覺察與同理的深度，如果沒有照顧好自己，習慣討好、批判、逃避、漠視情緒，那也無法給出自己沒有的東西。

我們活出的生命經驗，是我們能給出的生命經驗，在愛別人之前，請先愛自己，接納自己，把自己照顧好，才有更多力量去愛別人。

同理心讓你自在做自己 人際亦和諧共舞

一個在生活中擁有同理心的人，會更加輕鬆、自在、快樂，情緒保持穩定平和；而一個充滿同理心的團隊，彼此會有更深的情感凝聚，互助合作，達到更好的效能。

以我自己為例，因為時常同理自己，並理解每個情緒的原因，內在感受到被充分照顧，因此遇到任何事情，都能穩定平靜去面對任何問題。

對團隊來說亦然，一個人的改變，就能帶動其他人的改變，如果每個人都能擁有同理心，換位思考，有穩定的情緒，以同理的方式溝通，團隊動力會提高，並在互助的過程，擁有絕佳的團隊默契與解決問題的效能，形成和諧共好的團隊合作氛圍。

同理心無論對個人、家庭、人際、職場等各種關係，都非常重要，如何修煉同理心，靠著不斷學習、嘗試與突破，從同理自己到同理他人，任何人都能擁有幸福圓滿的關係。

找回心的感覺，不再是形容詞，因為在心起點，它已經成為動詞。

my profile

史庭瑋小檔案

心起點有限公司創辦人、講師、諮詢師
中國二級心理諮詢師、關係療癒師、情緒療癒師
NGH 催眠治療師、美國 NLP 執行師
EFT 情緒取向治療三階段結業
英國天賦原動力、新加坡財富原動力 諮詢師
專業塔羅／OH 卡／心靈圖卡講師、諮詢師
日本和諧粉彩正指導師

人際關係

李明泰

李明泰的人際關係金鑰

知彼解己，無往不利。

扛著政治大學統計系的學歷，大部分人畢業後可能踏進企業，成為專業工作者。但我離開校園後，並沒有選擇多數學長姐們走的職涯路線，反而是在畢業後，一腳踏進保險業務員的世界。

為什麼會有這樣的選擇？當然，這一切來自於我過往的人生歷程。

一九八〇年出生於台南麻豆的我，來自單親家庭。因為父親罹癌，我幼年便失去父親，母親帶著我們兩兄弟從北部回到台南。

作為一名轉學生，我必須重新適應南部的校園生活，同學間有時無意地用「沒有爸爸的小孩」來形容我，或許說不上是霸凌，卻也在我幼小的心靈留下些許陰影。

我們家有兩個兄弟，哥哥從小就是極度地聰穎、優秀，討人喜歡，甚至親友中有人拿了香港的六合彩來請哥哥幫忙分析，幾乎視之為「神童」般的存在。

記憶中，印象最深刻的童年場景之一，就是有任何親戚來我們家作客，大家始終都圍繞著成績最好的哥哥身邊，轉個不停，而我則是默默地站在旁邊，很少有人注意過我。

或許是瞥見我眼底的落寞吧，媽媽總是安慰我，「你不需要跟哥哥比較。」但這些話對當時的我來說，很難聽得進去，內心還是忍不住會比較，也總是自我懷疑，「我怎樣就是不如哥哥優秀啊！」即使在大學聯考，我的數學考到滿分，一切成績表現，似乎也只是勉強填補自己揮之不去的自卑感。

以前的我，就是沒法輕鬆地與人交談！

從南部來到台北念大學後，我的社交生活，仍然是乏善可陳，基本上就是屬於「宅男」一族，窩在家裡，不愛出門。遇到須要上台發表的場合，因為感到自卑，欠缺自信，我總是避之唯恐不及。

可以想像嗎？我是那種認識新朋友時，還得特別去上網google笑話，才知道該如何開口與人交談、打開話題的那種人。

這個弱點，在我後來從事業務工作後，體會尤其深刻。看到周遭那些厲害的學長姐們，一開口就能輕輕鬆鬆跟別人打成一片，我更加發現自己的不足，我就是沒法輕鬆地與人聊天！

像我這樣自卑、不善言談、不喜歡社交的人，卻在離開校園後選擇了業務工作。

二〇〇四那年，我二十四歲，剛退伍的我，因為數學成績相當好，有個機緣回中學時的母校黎明中學教數學，這機會不算差。但是我心裡想，當老師雖然工作安穩，收入穩定，卻很難功成名就。

或許是內心深處有股不安份的靈魂，或許只是單純地想證明自己的存在價值，從小沒有什麼「存在感」的我，決心不想只是庸庸碌碌地度過一生：「我希望自己的未來，一定要飛黃騰達！」

我思考的習慣向來是「想像未來，回推現在」，想要美好的未來，那麼自然知道如何抉擇當下的工作。為此，在我眼前只有兩條路，一條是創業，一條則是業務工作。但我背後既無顯赫的家世背景，又無資金及準備，太過年輕的我，自忖實在沒有創業的本錢；唯一可以讓我快速往上爬的生涯捷徑，就是做業務了，然後經過多方考量，我決定踏入金融保險業！

於是，當時的我從基層業務員做起。因緣際會下，在富邦人壽經歷了五年一個月的努力後，我成立「富焱通訊處」，擔任處經理，如今帶領將近五十人的團隊，算是有聲有色。

保險業是一個以服務人群為本的行業，在十多年的業務生涯中，我接觸過的人，不知凡幾。我有幸成為總公司指定的圓夢系列講座主講人之一，也是明日之星班指定教練之一，在富邦單位內部與外部擔任分享講師，已超過百場，主題涵括情緒管理、目標設定、職涯探索、人際溝通、銷售技巧、健康瘦身、壽險經驗、領導統御、組織管理等，同時也是政治大學商學院的職涯諮詢顧問，亦常受邀至扶輪社、各大企業演講與授課，跟剛出社會相比，已截然不同。

靠信念與目標管理　五個月內減重三十公斤

原本害羞、欠缺自信的人，現在可以上台侃侃而談，成為講師教練；不善社交、不喜歡人群的宅男，如今每天帶領夥伴們四處征戰，必須保持熱力四射，激勵人心，並且時時刻刻都在處理人際間最棘手的問題。這些，坦白說是以前的我也無法想像的！

我只能說，沒有人是不能自我改造的，只要是對成功懷抱足夠強烈的信念。

我所創造讓身邊所有親友、同事、夥伴曾津津樂道的「奇蹟」之一，就是曾經不靠手術、不靠斷食，在一百五十天內成功減掉三十公斤，從完全不運動，到全馬完賽。這堪稱驚人的減重事蹟，甚至讓我在二〇一八年成為作家，成功出版了一本《肥宅變歐巴：李明泰一百五十天減重全記錄》的暢銷書！

想來不禁傷感！當初剛加入富邦人壽團隊時，長官曾經稱讚我擁有精實黝黑的外型，搭配細長的眼形與挺拔的身材，帥氣的外表，甚至讓我在團隊中享有「小趙又廷」的稱號。

哪知，隨著歲月增長，我帶領團隊的人數日漸增多，征戰八方的過程中，可能因公務繁忙疏於對身體的照顧，也可能就是應酬飯局過多，每天早睡晚起、代謝變差的結果，就是體重日漸成長，從七十幾公斤攀升到一百一十公斤，健康也隨之亮起紅燈，連身邊的親友都很擔心。

但是有多少人，天天立志減重，卻也不停地宣告失敗？而我自己的體會是，如果一個人「真正地」想做一件事，一定會想盡辦法去做到、去達成，不需要去催促，也不需要提醒。

所以，當你有一天突然「被雷打中」、產生了改變的念頭時，這瞬間是你意念最強大的時刻，只是隨著時間流過、環境變化，慣有的舒適圈又不斷地想把自己拉回現狀。因此你一定要在意念最強烈的當下，先借力使力，用這大雷把最大的阻礙劈開，並在過程中不斷地為它充電，讓它能繼續拆解其他障礙，甚至讓它成為能優化自己的電源。

業務生涯　就是不斷演練人際互動的歷程

我能夠在五個月內減掉三十公斤，靠的就是強烈的信念，與聰明的目標管理；從宅男變身明星講師，其實方法也是一樣的。

我心裡很清楚，別的業務員可能一開始就有七十分，而我卻得從零分開始。但是，起點低不代表最終的成就低，重點是有無朝向目標，前進不懈。

幸而我有非常強大的邏輯拆解能力，一旦目標設定後，就會仔細拆解完成目標所需的每個步驟及行動，作成 SOP〈標準作業程序〉；然後知道自己哪裡不足後，我就會努力去補。知道自己的個性不是天生就適合作業務，因此我上了許多課程，然後不斷地與工作上的經歷相互驗證。

就這樣，一邊實戰、一邊上課，一邊實戰、一邊上課，我慢慢地建構了自己的一套理論系統，也從擔任公司內部講師開始，逐步開啟了我的講師之路。

業務工作，也帶給我經營人際關係的最佳實戰機會。正因為從事的是無底薪的業務工作，勢必得解決這些人生課題，才得以開啟商機。既然業績來自於人際互動，自然練就我一身處理人際關係的功夫。

就像我現在帶領團隊，每天的早會，夥伴們就會分享他們在工作上碰到的困擾，多半都是人際課題，與客戶的問題、與主管的問題、跨團隊的問題……，而我就必須陪伴對方解決這些困題，才得以繼續向前邁進。這樣的「真槍實彈」演練，每時每刻都在工作中發生。

而我從一個不適合當業務的宅男，成為一個業務員，繼而帶領團隊，到今日三十九歲的我，結婚生子，開始為人夫、為人父。隨著不同的人生階段，我也逐步扮演不同的人際角色，學習人生課題。

經營人際關係 就是在儲存人脈存摺

人是最複雜的動物，人際關係更是難以標準化處理。只會透過邏輯拆解學習新事物的我，對於人際關係的經營，仍傾向於將它化為一個一個 SOP 化的步驟及流程；但我必須承認，適用於我的方法，未必適用於每一個人。

一般而言，經營人際關係的技術與工具，真的因人而異，例如撒嬌對於某些女性業務員來說很有效，對我來說卻不適用。但有些大原則，卻是放諸四海皆準。就像人性同樣渴望被欣賞、及被理解，這件事對每個人都有用，「投其所好」，當你希望被對方了解及欣賞，就得先了解及欣賞對方。

我喜歡用「人脈存摺」的概念，來解釋人際關係的經營。平時我們就得長期地去儲存我們的人脈存摺，這樣，等你有一天需要使用時，才有得提領。

而且，人脈存摺可不是「一廂情願」地存，就有效果。我們不但要勤於儲存，而且別忘了，要以對方喜歡、能夠接受的方式去儲存。有些方式很有效，但是以你的條件做不到，那也是白搭；有的方式看起來很棒，但對方無法接受，或是對方不喜歡，那也是適得其反。

好比主管想要激勵員工時，有的人偏愛追求物質面的肯定，所以直接給他金錢，最能鼓勵到他；但有些人可能更在意口頭的肯定或榮譽感，那就要多多給予稱讚、及當眾的表揚，他才最有感！

激發對方的原動力 才能真正創造改變

在多年輔導夥伴的經驗中，我有另一個深刻的體會，就是當你要幫助一個人的時候，要「協助對方自助」，而不是「直接幫助對方」。

這體會，真地是從歲月歷練中學習到的。畢竟，每個人來到職場前，有他各自的原生家庭背景、價值觀、及性格。所以，當你在輔導一個人的時候，一定要尊重、並理解每個人的差異性，而不是一味地將自己的價值觀及好惡，強加在對方身上。

舉例來說，職場上最常見的場景之一，就是老闆在台上訓話，苦口婆心，說到嘴破，但台下眾員工當下心中的O.S.卻是：「聽你在放屁！」為什麼會有這樣的心態落差呢？說穿了，就是雙方的價值觀截然不同，「你要的又不是我要的！」。

因此，在輔導我的夥伴時，我會先傾聽對方的所欲所想，這反映了對方追求的人生價值觀。只要不是殺人放火，基本上對方所說的想法，我不會輕易地去否定它、或judge〈判斷〉它，而是會先去理解對方所想要的未來，然後為了追求這樣的未來，引導對方思考，相對應地應該採取哪些行動、或補強哪些能力、或如何解決眼前的問題。

以前，我也曾自以為是，直接教對方應該怎麼做、怎麼做，但後來我發現，這方式往往引來對方內心的反抗，或是陽奉陰違；或者他依法照做了，卻也做不好。因此，現在的我寧願花費比較多的時間及精力，激發對方真正的「動機」及「動力」，協助對方「自助」，靠自己解決問題。

為何好人與好人之間 總是在互相傷害？

在人際互動中，另一個常見的迷思是，「明明大家都是好人，為何彼此的關係卻走到這步田地」？就像伴侶之間，「我對你好，你對我也好」，結果雙方關係卻不 ok！親子之間，往往也是如此。

根據我的觀察，許多人太習慣忍耐、太喜歡壓抑自己了。但我認為，理想的人際互動，一定可以找到「誰都不感覺委屈的雙贏模式」。

這是什麼意思呢？也就是說，第一，面對問題時，不要採取壓抑、忍耐的方式，因為那樣久了之後一定會出現更大的狀況，而是該效法大禹治水，以勤於疏通、坦率溝通來取代「息事寧人」的態度。

第二，凡事嘗試站在對方的角度思考，換位思考，就不會「好人做盡」，但對方卻完全無感、也不受用。

第三，我相信，任何問題必定可以透過更優化的做法，找出最佳方案。

再舉個近期我碰到的例子，現在有很多來自東南亞的外籍學生在台灣就學，並且有打工的需求；同時，有許多台灣企業正積極於前進東南亞。於是，有位教授提議，可以引介這些外籍學生去台企的台幹家中，擔任外語家教。如此一來，外籍學生獲得比一般打工更加豐厚的收入；而台幹得以深入認識東南亞國家的語言及文化，外派生活更加順利。

原本，大家都有各自的困難，但是透過另類方案，每個人都能皆大歡喜，這就是更圓滿的人際互動了。

好的方法有時收效慢，但長久來看是好的結果，這就得看我們是否有足夠的智慧去處理。

可能有人會問，經營人際關係對於每個人都很重要嗎？有的人在職場，以專業見長，他的工作也不需要接觸很多人，似乎人際關係的經營，也不是那麼重要吧？

個人認為不然，相反地，人際關係與整個人生的品質，息息相關。

想想看，我們的人生不只有工作，家人與自己，才是我們最關注的事物。當我們把人際關係經營好，對業務來說，他需要花費在銷售的時間減少了，而收入則增加了；對於主管來說，他要擺平人事問題的時間少了。如此，我們就能空出更多餘裕及時間獨處，或陪伴我們最在意的家人。

因此，優化你的人際關係，就是在優化你的人生。

面對衝突對立 異中先求同

人際間所有的衝突對立，往往來自於彼此的觀念不同，卻又總想著要改造對方。對此，我想提出一個有趣的觀點及作法，就是「異中先求同」。

舉例來說，有人向我抱怨，「我永遠都很準時，但某某人總是不準時！」碰到這種事，我會說：「我認同你的準時，而且我自己也是準時的人」，但是，我不會跟著對方一起指責不準時的人，因為我並不認同「罵人」這件事。

人與人之間都有觀念上的「同」與「不同」，但任何對立背後都可以拆解成若干個觀念，所以我挑「我可以認同的幾點」來認同，但是不必贊同全部。如此，可以化解相當多的人際衝突。

再舉一個例子，當初胖到一百一十公斤時，我媽整天叨唸，但我完全不想將減重付諸行動。那時我就對母親說，「我覺得你好關心我喔！我知道妳是因為擔心我，心裡很感動，也是因為太想讓家裡過好的生活，忙到我現在還沒時間計畫減重……。」我選擇認同母親的「心情」，但是不認同母親的「建議」。我媽覺得她的擔心有被理解到了，氣也就消了，但我還是保有我不減肥的「權利」。

在人際關係中，一味地認同對方，只會令你「失去自我」；但事事唱反調，肯定失去人心。「異中先取同」，有所為、有所不為，才能既不失去自我，且能維持人際間的圓融。

人際間追求的是共好 心境須先轉換

人的情緒，往往凌駕於理性之上。因此，處理人的問題，另一個重要原則就是，「先處理心情，再解決事情」。

我們生活中最常見的狀況是，女朋友為男友做了許多事，或是部屬為主管做了許多努力，卻沒得到對方的認同。例如做了一堆事情，結果換來主管一句話：「你不要浪費時間啦！這些事全都沒有用！」

若有同事因此跑來向你抱怨，顯然對方是期待當下得到你的認同，而不是聽到你的說教、或大道理。這時候，我會建議，當然你可以跟他同聲一氣，中午一起吃飯時狂罵主管；甚至大家私下開一個「仇視老闆」的 LINE 群組，每天照三餐罵老闆。

但是，你也可以選擇，當下先認同對方的情緒，讓對方知道，「你真地是辛苦了！我知道你很委屈，其實你這麼做都是為了團隊好。你對團隊的付出，我們都看在眼裡，公司有你真好，要不要去喝杯酒？我們再聊聊，怎樣讓大家的未來更好！」

其實，對方的情緒，表面上是憤怒，但深層的情緒，可能是「委屈」。因此當你認同了他的委屈，他的情緒也在這一刻得到了療癒。之後，你便可以再伺機引導對方去進行更深層、理性的思考，而非受困於一時之氣。

這些年來，我從生活得到的體驗是，人際關係的經營，不僅是一些知識或技巧的學習，更加是從自我心態的源頭去改變，就像河川整治，一定是從源頭杜絕汙染的來源，而不是僅在下游清清淤泥、垃圾。

而最美好的人際關係，則是追求「共好」。如同在職場中，遭遇不盡理想的人、事、物，你永遠可以選擇跟他人「一起抱怨」、或是「一起更好」。一旦你選擇了「一起更好」，與人互動時，你會時時思考：「我要如何對別人有幫助？」而不僅是討好對方。

我深信，每個人都有機會正向改變周遭的人；有時，缺的只是一些方法。

my profile

李明泰小檔案

政治大學統計系
《肥宅變歐巴》作者
壽險公會績優人員
勵活課程設計中心 講師
富邦人壽 富焱通訊處 處經理
政治大學商學院職涯諮詢顧問
各大企業、大專院校、政府機關邀約講師

價值聚焦

李岱倫

李岱倫的價值聚焦金鑰

走吧！去做你真正渴望的事情。
以終為始地了解自己想要成為什麼樣子的人，
逐一檢視自己，為這目標做些「我還能做些什麼」的轉變。

人生在職涯路上匍匐前進，一路走來方能體會，有目標是多麼地重要。一旦有了生活的目標，你才能「以終為始」，了解自己想要成為什麼樣子的人，並且不斷地將自己的資源及行動聚焦於此目標，省卻過多不必要的曲折與岔路。有一天，你終能心想事成！

而在自我探索的這條路上，我也是一路跌跌撞撞走過來的。

為了家人，我想選擇更高報酬率的職涯

來自單親家庭的我，從國中畢業後就開始積極打工，想多賺些錢。我在補習班擔任助教，也作招生，有招生獎金可以領，一天工作十二個小時以上。

做死做活的我，從國中畢業持續打工到大學畢業，最後數數自己存摺裡的積蓄，我竟然只存不到六位數，連自己都不敢相信！

因為大學念的是財經科系，畢業後面臨三種抉擇〈當時純真直線的想法〉：該進入銀行業、證券業、還是保險業呢？我想想，無論是銀行業或證券業，初入行大概是**25~28K**的待遇，只有保險業，收入是更有期待空間的。不想再重蹈之前「徒勞低薪」的覆轍，我決定選擇「薪資可以更有期待」的保險業，最後並進入錠嵂保險經紀人公司〈**Lawbroker**〉。

當時的我還不明白，這個生涯抉擇的過程，其實就是一種「價值聚焦」。

記得是在二〇一〇年，口袋裡只有不到六位數，我開始做起零底薪的保險業務工作。這也是我人生第一份正職工作，直到今日。

從懵懂作保險 到更確定自我工作價值

一開始，我是從經營儲蓄險著手，對親戚都只是先發名片，並告知我在作什麼內容，還有可以服務的項目，但對於自己工作的價值，還不是那麼篤定。直到某次發生了一個case，成為我生涯的轉折點。

當時有位親戚說的一番話，讓我永遠忘懷不了。當我遞完名片時，他半開玩笑地問，「哦，你是作保險的喔？」接著更進一步地婉拒，「沒關係！我認識一個作了二十年的經理級業務，謝謝妳啦！我找他就好。」言下之意，自然是我的資歷不夠看，他並不信任我。

後來，這個相當有錢的舅舅罹患肝癌，發生理賠糾紛，前端經理業務無法理賠；加上之前他姐姐也遇到理賠糾紛找過我，處理得非常好，就大力推薦我，舅舅只好回頭找我幫忙。我心想，「那位經理比較有辦法吧？人家作了二十多年，而我才兩、三年，若他都沒辦法，我能做得到嗎？」

這位舅舅家境富裕，名下房產、現金就有不少，但他覺得賺錢不容易，還是很在意這筆理賠。這中間我花了足足半年時間奔走，將醫療實支險爭取為可理賠，而且醫藥加照護費用多賠了五十萬元以上，加上五年來進入醫院無數趟，支出相差甚巨。

類似的幾次事件讓我感受，保險不只是份工作，並且真正助人，也從中得到很大的成就感。

二〇一一年，我發生機車車禍，鎖骨斷裂，遭逢車禍理賠糾紛，也因此促使我認真去上課進修相關知識。上課之後，才發現這其中學問之大！想要處理好理賠糾紛，要搞懂的事情真不少，包括保險法、民法、刑法、車禍路權……等。

後續也在處理大大小小的理賠過程中，看了相當多的醫學名詞，為了與醫生及保戶用正確觀念溝通，還必須研究一些醫學知識，了解醫師常用的語彙以及他們在想什麼，開啟我更高的學習視窗。

另外，因為認識許多老闆，也讓我學習更高端的稅法、相關法院判決解析，幫企業合法節稅與資產保全等等。

雖然複雜，但因為我下的功夫深，到今天從來沒被客訴過，讓我在保戶間贏得良好的服務口碑，贏得保戶的信任與轉介紹。如同人家說：「日久見人心」，我始終堅持對的信念在走，時間自會給你最好的評價與證明！

生命有限，價值聚焦讓你少走冤枉路

選擇以儲蓄險為經營主軸，或是理賠處理，或是高端稅務經營，說穿了，這也是「價值聚焦」的過程。

究竟什麼是「價值聚焦」呢？這讓我想到一句有名的廣告標語：「生命就該浪費在美好的事物上。」這句廣告詞，某種程度正表達了我接下來所要傳達的觀念！

我們都知道，每個人的生命是有限的，我們在這地球上所能掌握的資源，包括時間、金錢、健康、體力、腦力……全部都是有限度的，所以它必須被善加珍惜、及運用。

當你「以終為始」地了解自己想要成為什麼樣子的人，你的人生目標便逐一浮現；

而為了一步一步朝向這目標，你就必須進行種種「斷捨離」，節省一切與目標無關的行動及資源付出，然後將所有「價值」集中化，以求達致「效益的最大化」。

這就是「價值聚焦」的真諦。

我的人生，就是一路「價值聚焦」的歷程

我的人生，何嘗不是一路在作「價值聚焦」呢？

三十歲前，算是我生涯的第一個十年，目標是找尋自己的人生方向，並且，讓家人過更好的生活。我積極參與社團，累積人脈，二十七歲就當上新北市大橋國際聯青社的社長。

國際聯青社是一個基督教的組織，在台灣北、中、南部各有許多會員。我有幸跟在許多大老闆身邊，學習他們的處世風格、做事態度。

憑藉比他人更多的努力與勤勞，年復一年，我幾乎沒有假日地拚業績，在畢業後的八年內，我結婚、生子，也順利達成自己目標所求的年收入，這一切都在我的人生計畫

中一一實現。所以你說，給自己一個目標重不重要呢？

有了孩子以後，人生邁向下一個階段。七歲前靠阿嬤養大的我，童年的記憶就是假日才能看到媽媽，幾乎每個夜晚都在想念媽媽。這樣孤單的童年經驗，讓我在生涯的第二個階段，一心一意希望能多點時間陪伴孩子，不因工作缺席小孩的重要時刻，並保有自己獨立的經濟能力。這也是我當初選擇保險業務的初衷，並且在價值聚焦裡多一個附加正向的選擇。

在二〇一六年上半年，因為時常被老師邀回學校演講，某次班導朱小華老師便拋出一句：「你們都在演講，為何不讓演講經驗更有價值，並留下記錄呢？」

在期間也謝謝一直給我信心的老師喬中玨、始終相信我的王怡然老師、以及願意給我機會的許思嘉老師，在這裡，衷心感謝你們願意給當初的岱倫機會與信任。

二〇一六年下半年，我在學校校園徵才活動擔任主持人時，當天活動的講師趙祺翔主動邀約我加入「中華益師益友協會」。當了解協會是由一群熱血講師串連起來的公益、共好、學習平台，也從此開啟了我的講師生涯。

「與其有一百個好的觀念，倒不如落實其中一個信念。」懷抱著這樣的想法，我對講師生涯同樣追求目標明確，生命的旋轉是如此地奧妙，一切自然水到渠成。然在二〇一六年時，我受邀的講座不到二十場；但到二〇一七年時，開始邀約不斷；到今日為止，我與講師夥伴顏苾盈共同累積的場次，已達三百多場，並持續推進中。

既是保險從業人員，又是企業講師，我熱愛目前這樣的「斜槓」身分，讓我可以快速地認識各行各業，從大專院校、公司藍鵲講師、五股工業區、社會少團、到各大工會……，進行各種不同層次的演講及自我學習。

人脈的經營，同樣要追求效益最大化

所謂「效益最大化」的價值聚焦，同樣適用於在人脈的經營之上，即如何利用最少的時間，認識最多的人？

趙祺翔老師正在做的事，可以說是其中一個例子。他大張羅網，四方搜尋具備講師潛質的人物，然後把所有人丟進社團；讓這社團自然運作，漸漸地，有些人會散去、淡出，而最有能力、或是心態上積極且正面的人則存活下來。

這批對社團投注最多心力的人，勢必是一群彼此價值觀、理念上最接近的夥伴，未來在追求共同目標時，肯定更加聚焦，行動也更為精準且最具效率！

當大部分品牌都想盡辦法討好所有客戶時，日本最大的生活雜貨品牌無印良品〈MUJI〉的社長金井政明卻說：「十個人之中，只要有一個人喜歡（我們）就夠了。」在這樣的思維下，MUJI一切的產品研發及客戶服務，都只須要討好最核心的那一成顧客。

借用這種「一〇％就夠」的哲學，說明了人脈經營同樣「只須要聚焦於跟我理念相同的一〇％人」，這樣的人生，將省力許多！

如果你的生活必須每天活在他人的眼光及嘴皮子底下，不會覺得很累嗎？何不找到與自己真正志同道合的朋友，好好經營與真實夥伴的關係就夠！

生命本來就該浪費在美好的人、事、物上，你說是嗎？

價值聚焦必經三步驟

在生活中，我們可以如何實現價值聚焦呢？

首先，我覺得探索自我是最重要的，你必須了解自己是何種屬性的人。就像MUJI在進行價值聚焦時，它肯定相當了解自己公司的產品特色及屬性：「我是A，而不是B、或C。」又好比我們常形容：有人是情感勝過理性的「感性人」，有人則是相反。

問問自己，你是重視邏輯性、數字化概念的「理性人」，抑或是情感細膩、感官直覺至上的「感性人」呢？這是理解自我的其中一個例子。

第二步，要完成任何目標時，思考你要找何種夥伴。不是說人生要追求「效益最大化」嗎？因此，想要完成某件事，我是要找與我同質性高的夥伴、便於同步行動，還是要找異質性高、可以相輔相成、互補有無的夥伴？這得事先考慮，對於人的輪廓你必須要先有架構。

就像我與我工作上的講師夥伴顏苾盈，她內向、理性，所以「主內」；我外向、偏感性，所以「主外」，這樣我倆的合作才能追求「效益最大化」；又例如MUJI只討好那一〇%喜歡他們的顧客，也是在作同樣的事。

第三步，思考自己可以帶給他人的價值或好處。人際關係往往來自於對等的付出，否則對方就會感覺不公平，「門當戶對」這說法是有一定道理的。所以，想想你對他人的價值是什麼？出色的外貌、身材、嘴巴特別甜、還是專業強大？總之，可以提供對方對等的價值，這樣關係才能長久。

如何在團隊及生涯規劃中實現價值聚焦？

在帶領團隊時，我們也在進行類似的「價值聚焦」。譬如，設法了解你的部屬，如果A是個「理性人」，你不會一直教他去帶活動吧！相反地，若分配他去作比較各家保單的差異化研究，他做起來可能更加得心應手。

資源永遠是有限的，聰明地取捨及分配，是管理者亟須培養的重要智慧。因此你要快速地篩選出在某任務中最適任的人選。當你具備這種能力，領導上會輕鬆許多。而讓團隊中每個人做他最擅長且喜歡的事，產出的CP值最高。

家庭的經營，何嘗不是如此？初識的男女，透過若干次約會凝聚雙方共識，之後可能決定更加投入，或者決定閃人。過程中，彼此可能溝通買房、買車的理財觀念、退休金要存多少、孝親責任誰承擔、彼此興趣有無交集……，這一切溝通測試，都是在確認彼此的價值、理念有幾分相似，未來若共同生活，能否發揮一加一大於二的綜效。

伴隨人生的每個階段發展，其實很多的價值觀、生活重心、甚至人際關係都會轉變。年輕時，我也曾以為朋友是一輩子的，三十歲以後的我才懂，有的朋友會在半途「下車」，有的恩愛夫妻會走向離婚，今天的「共識」不一定能維持一輩子；而唯有時間，會淬煉出人生最終的夥伴！

既然人生難免變動，我會建議每三到五年可自我檢視、或重新訂定自己的短、中、長期目標。好比我自己，三十歲前為原生家庭規劃，三十歲後想把自己的家庭放在首位。往更遠的未來看，我問自己：「我想要什麼樣的人生？」這答案可能是：「時間與財富上的自由」。

好了！既然知道我想追求時間與財富自由的人生，若「以終為始」來推論，我就能進一步思索，面對未來的五至十年，在工作上我如何以較少的時間達到更高的效益？

所以，我常常習慣性地在內心問自己：「我想要在工作上扮演怎樣的角色？」「我想要在朋友面前扮演什麼樣的角色？」「我想要在家庭中扮演什麼樣的角色？」「我想要成為什麼樣的講師？」……，不斷地這麼問自己，然後一一將它們條列出來，自己的人生願景，將會愈加清晰、明確。

譬如講師有很多種，每個人的風格、專長各自不同，因此「價值定向」很重要。像我認識一位講師夥伴，因為過往的職場經歷，讓他對於消防知識特別嫻熟，坊間只要有消防相關主題的演講，他必是人們心目中的首選。

這是一個很好的例子，當你聚焦於自己的某種價值後，便能透過不斷的反覆練習，讓自己更容易成為某個領域的 No.1。

在生活每個面向，你隨時都該作這件事！

讓我再舉一些「價值聚焦」在生活每個面向的實際運用例子，你就會發現它無所不在，而且超有用的！

在日常生活中，即使妳是一位家庭主婦，譬如今天去市場買菜，蒜一斤二十元，蔥一斤十元。從表面上來看，蔥的「價格」比較便宜；可是，考量這週的菜單，妳使用到蒜的機率高很多。因此，妳最後還是選擇買蒜，因為在妳的價值評量下，蒜的「價值」比蔥高。

在職場工作中，我們從事保險業務者，手中可以銷售的商品實在很多——意外險、儲蓄險、防癌險、醫療險……，總會考量大眾需求選一個主力商品來推廣，而不是每一種商品用同樣的力氣去銷售。至於選擇的標準，也會考量時事、大環境趨勢等，如此才能借力使力、事半功倍；若某類商品試了一季、半年都業績不彰，或許適時「停損」，才會效益更大化。

在自我成長上亦然，剛進入社會的我方向未明，相信大家都有經過這段迷茫，所以剛開始什麼都學；果然，「書中自有黃金屋」，最後你一定可以找到對自己工作、生活、家庭最有「價值」的努力方向。比如現在的我，花最多心力在稅法、民法〈判決、判例〉、保險法、資產傳承規劃……等主題的學習上。簡言之，我的學習更有目的性了，一切都指向能幫我的客戶們「解決什麼樣的問題」。

列出你的人生價值排序，然後投入它！

至於如何找到自我人生的終極價值、及價值排序呢？「生涯卡」的使用，是其中一種好方法。由黃士鈞博士研發設計的生涯卡，全套共六十六張卡片，每一張卡片，都是一種生涯價值，例如：「持續的自我探索」、「有親近的好朋友」、「錢夠用」、「平凡單純的生活」……等，每種價值都淺顯易懂。

原名「價值澄清卡」的生涯卡，主要的功能是讓玩卡者檢視自己目前的生涯選擇是否符合自己的核心價值觀。同時，生涯卡也能幫助玩卡者在規劃未來時，選擇對自己更有意義、更有價值的人生方向。

無論是用在認識自我、激勵團隊，或是用於保險業增員、找到對的夥伴，這套「生涯卡」都蠻好用的，可以幫助訂定自己或他人的短、中、長期目標。

坊間還有一套「CV人生規劃桌遊卡」，CV的英文全名為〈Curriculum Vitae〉，是個人履歷的意思，對於找到生涯方向也是蠻有趣的工具。遊戲的背景設定在每位玩家重獲新的生命，扮演新的人生。玩家需要從幼兒、青年、壯年，一路經歷到老年，為自己留下精彩的人生歷程。思考人生的價值究竟是什麼？是獲得豐富的知識、擁有健康的身體、建立良好的關係、追求財富、還是找到一份優質的工作？

總之，用任何工具皆可，將自己的人生價值排序條列出來，短至一、兩年內，長至十年，不時盤點自己的生活價值、以及核心能力。然後，思考我願意花費多少時間在這些目標之上，「時間用在哪裡，成果就在哪裡！」例如每個週一固定處理公司的行政工作，每週日固定設計為「家庭日」，拒絕任何家人以外的邀約……。

人生的目標不在多，而在精準。每日的「小生活」，都要與你最終的「大目標」相結合。花最多的時間，投注在你最重要的目標上，少走冤枉路，這就是價值聚焦、效益最大化的最終意義！

my profile

李岱倫小檔案

錠嵂保險經紀人 襄理

勵活課程設計中心 專案經理

新北市大橋國際聯青社 社長

桃園益師益友協會 法務長

醒吾科技大學 講師

精湛學習公司 講師

教育訓練能力

劉智雯

劉智雯的教育訓練能力金鑰

把複雜的東西簡單說，讓人一聽就懂；
把生硬的知識趣味化，讓人印象深刻。

如果要用幾個字總結我的職涯能力，那就是「教育訓練」了！

我畢業於台灣藝術大學廣播電視學系，離開學校後，和幾位志同道合夥伴共同徵選進入教育廣播電台，擔任兒童教育節目的製作人及主持人。

這是很寶貴的經驗，我們要規劃很多節目內容，並且依據主題，設計出許多不同的表達方式。由於主要對象是兒童，因此節目採用廣播劇的方式，在節目裡面有很多奇幻角色如變色龍、小魔女、精靈或飛天魔毯等，以活潑有趣的故事穿梭古今中外，帶領小朋友認識學習品格及品德教育，達到寓教於樂的目的。

記得當時我們有五位夥伴，每個人都要分工合作，扮演好自己的角色，完成自己的工作。由於我是廣播電視科班出身，所以從初期的企劃、中期的錄音，到後製剪接工作的完成，我全部都有參與製作。

每一段職涯 磨鍊我教育訓練的實戰經驗

在從事廣播工作時，我出了個意外，為此在家裡休養很久。因家人希望我找個穩定的工作，離開廣播後，感謝貴人介紹，先到公職單位服務。

在公務體系我經歷了不同單位歷練，工作性質也有很大不同，有趣的是，我執行的專案，很多恰巧都是與教育訓練有關。其中有幾個線上教學的課程，特別讓我印象深刻，像是「環保自然葬推廣專案」、「國際禮儀的學習」；我還擔任過「食在有禮」的專案負責人，從內容企劃到故事發想，用生動的故事及互動問答教導大家什麼是合宜的用餐禮儀。

像這些公家機關的案子，題材本身多半比較嚴肅生硬，這時更需要用比較活潑的方式，結合互動式的體驗，來達到教育民眾的目的。例如，在國旗懸掛禮儀網站內容企劃，我設計了故事及小遊戲，利用遊戲讓人在線上參與互動，告訴大家如何正確地懸掛國旗，增添許多趣味性。

在多年前，官方的網站或一些宣導專案，內容都很教條化，很少人用這樣的方式來呈現，於是我所規劃執行過的案子，經常得到長官的肯定與讚許。

另外我也主導過一些媒體行銷的專案，包括內容規劃、影片製作、一直到粉絲專頁的經營。那段期間在人力不足、設備簡單的條件下，產出的創意影片也讓媒體記者眼睛為之一亮，產生興趣進而分享報導。

而我自己最有興趣與熱情的則是「主持人」的工作，也參加了許多這方面的專業進修課程，後來參與了一些社團，也主持過很多大型的活動如企業尾牙、頒獎典禮、演唱會及路跑活動等。

由於曾受過專業的廣播訓練，加上工作經驗的延伸，我很善於「聲音的表達」，透過聲音語調的變化，讓聽講者很快地進入狀況，融入節目主題所設計的情境中。

聲音表達跟生動課程設計 成為我的講師強項

因為擁有這專長，在一次偶然的機會裡，社團中有位成員希望我能教導他關於「聲音表達」的運用；他覺得，這項能力的培養，可以增加他說話時的魅力跟說服力。於是我們就在台北地下街的某個角落坐了下來，開始了一對一的課程。

這位成員覺得課程內容有趣受到了很大的啟發，建議可以邀請多點同學一起學習，於是私下邀請有興趣的朋友，從小班制開始，展開「聲音表達」的教育訓練。由此出發，自零零星星的課程及講座起步，逐步走向大型的課程或演講，我也開始成為一位專業的講師。

在開始講師工作後，我期許自己能成為一位「教育型」的講師跟老師，在實務中學習，用適當的技巧做好教導與分享，幫助更多需要幫助的人。

在講師的經歷中，我深深覺得，成功的關鍵，在於我能站在學生的立場來思考，設計創新、活潑、不死板的互動式學習課程，讓學員能夠快樂、並有效率地得到他們想學的知識。

曾經有一次，我在大學中講授關於職場禮儀的課程，希望能提供一些書本以外、比較柔軟而不無聊的教學方法，讓同學加強學習的印象，於是設計了一些「實作且互動」的情境體驗並將內容遊戲化。

在課程進行的過程中，適時地帶入一些活動，讓學員實際參與。比如說，怎麼握手才是有禮貌的握手方式；在進出電梯時，如果有主管在場，應該如何應對進退；會議時座位編排的方式；甚至是上下車時，自己應該站的位置在哪裡。

那是一次很成功的課程經驗，課後即有學生私訊回饋說課程生動活潑、內容實用，透過小組討論印象更深刻，對他們很有幫助。作為一個講師，我發現自己擅長於生動的課程設計能力。

然而學習是成長的原動力，我依然不斷地進修，也經常參加其他講師的課程，從不同立場、不同角度、不同觀點下得到回饋，不斷修正自己，結合自己在聲音運用上的優勢以及過往種種的教學經歷，讓自己的教學手法變得更好、更有內涵。

成為正式講師，迄今已有一段時間，而我更有熱情與活力，希望透過我的專業，及多面向的教學態度，引導學員得到更多他們想要學習的知識，讓我們一起成就自己，在人生的路上一起向前。

教育訓練不僅是人資的功課，而是人人需求的能力

「教育」跟「訓練」這兩個詞，看起來很類似，但有些微的不同。教育比較偏向在「觀念面」，例如知識、思維、或態度；而訓練比較偏向於「技術面」，例如職場上或生活上的專業職能。

在我認為，無論是職場上的經理人或員工，或是在生活中的任何一個個人，都應該具備教育訓練的能力。

在經理人的立場上，他們扮演的是領導者的角色，應該具備足夠的「教育」能力，協助他的下屬，用正面的態度面對他的工作；也要能提供必要的「訓練」，讓團體中的每位成員，都能順利、有效地完成他們的工作。

而作為被領導的下屬、員工，則必須培養正面及平和的心態，能接受上司的指導或

建議；更多的是建立自我學習的動力及能力，持續充實自己，例如主動地去參加一些專業能力、或自我提升的訓練課程。

同時，在職場以外的日常生活中，每個人也都扮演著不同的角色，或者為人父母，或者為人子女，或者是某人的知己，又或者是某個社團的成員。無論扮演何種角色，非常建議大家都能多做一些表達及溝通的訓練，因為你可能都有機會需要「教會」別人某些事。

而類似的訓練，可以從生活中做起，例如你覺得電視上某位主持人或主播的說話方式很吸引你，就可以試著學習他們的講話方式，像是咬字或調整說話的速度；也可以從書本或網路上，嘗試去得到一些關於表達及溝通的知識或建議；也可以參加專業的訓練課程，包括線上學習，透過實際運作來訓練自己。

曾有一位公開班學員，原本對自己不太有自信，自從跟我學習聲音表達課程，課後積極練習運用，表達變得更有自信，不但面試得到好工作，在職場的人緣也愈來愈好，受到主管同事們的肯定與喜愛！

當你將所學到的經驗運用在自己的生活中，不斷修正及改進，你會發現自己的人際關係變得更好，工作也會更加順利！

但你具備這些 coach 的個人特質嗎？

當然，表達、溝通上尚不足以涵蓋「教育訓練」的完整能力。拆開來看，「教育訓練能力」其實就是「教育者加上訓練者的能力」，在擔任教育訓練的指導者〈coach〉時，你還必須具備一些領導特質、領袖魅力，以及良好的溝通力。

當然，不同的人格特質，會帶來不同的領導方式及領袖魅力；在執行教育訓練的過程中，也會有不同的指導方式。但無論你是具備什麼樣人格特質的教導者，首先必須培養自己具備「同理心」，及隨時隨地能「換位思考」。

當準備教育訓練的課程內容時，你應該去模擬：如果你今天是坐在台下的學員，什麼樣的內容會能讓你感到興趣？什麼樣的方式，能讓你有興趣與講師及學員互動？然後有什麼課程內的活動，會讓你覺得這堂課很精彩、很有趣？

當你站在學員的立場，為他們著想，你才能領導學員，共同達成教育訓練的目的。這，才是理想的領導方式。

舉個例子來說，在我擔任「聲音表達訓練」的講師經歷裡，同樣的主題，往往會有來自不同社會階層的團體來上課，有時候在學校，有時候在企業，有時候在政府機關或扶輪社等社團，課程內容當然不可能一成不變。

我必須針對完全不同的年齡層、不同族群、不同社會階級，作出不一樣的課程設計，準備多元化的案例，用對方可以接受的方式，因材施教。

另外，要培養領袖魅力，「聆聽」是絕對必須的。聽取前輩的意見，聽同儕的想法，聽學員的心得；仔細思考，去蕪存菁，你就能發現最能讓學員接受的教學方式。

當我們完成了一份不錯的課程設計，希望學員能夠完整吸收及運用，那麼「溝通」的方式就很重要了。

很多人認為，良好的溝通應該來自於「口才」，來自於「說服別人的能力」。但我們強調的原則是：「用對的方式，講出讓對方聽得進去的話」。當你具備了設身處地、為對方考慮的「換位思考」及「同理心」，自然就培養出能讓對方接受自己想法的「口才」及「說服力」。

作為一個講師，在執行教育訓練的過程中，不應該是高高在上，用生硬的文字及語言，填鴨式地把知識傳達出去，而是應該仔細想想，今天坐在底下的學員來自什麼階層？要用什麼樣的語言，什麼樣的表達方式，才能讓他們充分理解今天教育訓練的內容。

這不是「見人說人話，見鬼說鬼話」，而是「找到共同的語言，說對方聽的懂的話」。找到雙方的交集，這才是良好溝通的基本。

再來是「聆聽」能力的運用，或許在教育訓練的過程中，學員會有不同的想法或意見，甚至針對其他學員的想法或意見提出反駁，這絕對不是壞事；而是學員真正地「把你的話聽進去了」，因此啟動他們更深層的思考。

聆聽他們，把話聽進去，找到歧異的那個點，讓大家交換意見，找出共同的結論，這就是良好溝通的運用。

成功完成教育訓練的三大能力

要成功完成一項教育訓練的課程，我們還必須具備三種能力：「表達力」、「觀察力」、與「現場力」。

首先我們要建立表達的能力，如果表達能力欠佳，那麼再優秀的教材，也不能讓學員有效地吸收。

「表達力」來自幾個方面，包括簡報內容的文字表達、表情動作的肢體語言，以及清晰的口述表現，而表達能力是可以培養的。

培養表達能力的第一步，是「勇於表達」。

在我過往的工作經驗及擔任講師的經歷中，我發現表達能力的最大障礙，就是來自於緊張而來的情緒壓力。其實任何人都會緊張，即使我擔任過廣播電台的主播及專業的活動主持人，仍然會緊張。緊張並不可怕，面對它，舒緩它，很快就能克服它。

很多方式都能克服緊張，例如上台前深呼吸、放鬆笑一笑，而後專注於你要表達的內容，眼神看向善意的觀眾，盡可能地和大家互動，拉近彼此距離。很自然地，你的緊張就消除了。

另一個方法，是增加自己的自信，練習是最好的方法。把要表達的內容反覆推敲，找到缺失並修正，新手最好先打逐字稿，至少也要寫出關鍵字大綱；在上台前多加準備及練習，提早到現場觀察及排演，都可以增加你的自信心。

其次是「多閱讀、多接觸、多動筆」。當我們在進行教育訓練的課程時，除了口語的溝通，還需要準備一份簡潔清楚的 Power Point 簡報，甚至是完備的書面講義。要讓課程更完備，教學內容很重要，多閱讀相關資訊，接觸相關知識，多動筆來完善自己的書面表達能力，這也會讓你在台上授課時，更加有自信。

最後一步，則是「正確地表達」。

這是最重要也是比較困難的一步，掌握技巧及多加練習是唯一的法門。比較重要的部份，在於針對聲音跟語調、說話的速度、音量大小的變化、正確的發音及清晰的咬字，甚至因應現場做一些方言的運用，都是正確表達的展現。最好的方法就是經過訓練，並且「多動嘴」、「多練習」。

敏銳的「觀察力」，也是一位優秀 coach 必備的能力。一個好的講師，在教育訓練的過程中，他會在課程開始前先到現場觀察，是否需要變動一下現場桌椅的配置，讓大家比較容易互動；是否需要調節一下燈光，讓現場的氛圍更加輕鬆柔和；提前觀察一下學員的屬性，適度調整授課的方式。

而在授課的同時，要能觀察學員的反應，做出適時的因應；尤其在企業教育訓練的課程，往往是公司所安排，不是員工自發地要求學習，這樣的狀況，最常發生學員倦怠或排斥的情形。那麼講師可以暫時離開教育訓練的主題，重新熱絡一下氣氛，再繼續課程。

「現場力」就是掌握現場狀況的能力，是教育訓練課程是否完美執行的關鍵。面對不同的主題，來自不同階層的學員，在課程中的反應也不盡相同。一個好的講師，在敏銳的觀察中，要能掌握現場的氛圍，靈活運用不同手法，引起學員的興趣，維持現場的熱度。

例如：

(1)針對課程主題，做有力的口語論述，安排合適的活動，創造與學員的連結，加強教育訓練的效果。

(2)透過提問的方式，將學員引導到教育訓練的主題上，加深課程的印象。

(3)適度地說學逗唱，準備一些與主題相關、有趣的笑點，穿插在課程中，會維持學習的熱度。

(4)故事或情境的引導，影音內容的引領，則能幫助學員更快地融入主題。

(5)透過小組討論的方式，讓學員在模擬的環境中互相學習，交換不同想法，找到共同的結論。

掌握現場的能力，來自於課前的準備及講師的臨場反應。除了經由自己的經驗來淬鍊，也應該多參與他人進修的課程，在課程中觀察學員的反應，學習不同講師的教學方式。保持謙虛的心，「聽別人怎麼教，看別人怎麼學」，就能更加自我精進。

要達到教育效果 避免失手有方法

最後，擔任一個教育訓練的 coach，往往會遭遇到各種不同的狀況，所以還要具備解決問題的技巧能力。

在職場中，或許我們面對的不是一對多的群體教學，更或許是主管希望員工提升自我的能力，而做個別的教育訓練。這種方式，可能來自「言教」——「我告訴你怎麼做」，也可能來自於「身教」——「請你跟我這樣做」。

在我的教學經歷中，經常遇到一些學員提出這樣的問題，「怎麼辦？我怎麼教他，他都不聽」。這時，我建議從事教育訓練的 coach，要學習一些心理學的知識。

在以上案例中，主管之所以成為主管，表示他在專業能力或管理能力上有過人之處，他或許有些求好心切，以至於在主動指導或給予建議的過程中，造成了下屬的壓力，而引發了排斥學習的情緒。

也許這個時候，可以經過一些心理學的觀察，大致判斷出員工的個性或心態，而做出適當的處理。例如，私下邀他一起喝個茶或聊聊天，用間接的方式發現員工的問題；或者用友善的關懷，讓下屬主動告知問題所在，進而給出指導，達到教育訓練的效果。

在群體型的教育訓練中，最常見的狀況則是冷場。這原因通常來自於課程準備不夠充分，或者臨場反應不夠快，尤其是在比較大型、學員年齡層分佈比較廣泛的場合。

所以事先的調查是重要的，先了解這次參與學員的差異性，在課程的主題中，盡量規劃出各族群能夠接受的語言，讓主題與話題產生交集；而所舉出的案例必須符合學員生活的背景，並且結合不同的手法，引出學員的共鳴。當你「找到共同的語言」時，你的教育訓練才能成功。

另外常有一個狀況是，學員往往會問出與這次主題完全不相干的問題。在主題不小心被拉遠的時候，可用反問的方式，將學員的思維引導回主題中，這是一種很好的方法。

在教育訓練的過程中，不管是講師或者學員，在教學相長間，都能彼此分享及學習，「用他想聽的方式，說我想說的話」。這不但能幫助團體間人際關係的協調，也在在拉高自己的表達及溝通能力。

而在教育訓練的課程後，能夠學以致用，持續改善，擴展自己的視野，提升自己「深入人心」的能力，這是我在從事教育訓練的這些年中，得到的最大收穫。

期許自己，期許擔任講師的夥伴，更期許與我們一起成長的學員，在人生的路上，走得更好、更遠。

結語

教學不只是教學，讓彼此活出生命的美好，才是教育訓練的初衷。

my profile

劉智雯小檔案

專業活動主持人及聲音表達講師，台藝大廣電系畢業後，曾任教育廣播電台主持人，除主持過大型頒獎典禮、企業尾牙春酒等各式活動，更連續四年主持國慶記者會。擁有豐富授課經驗，講課風格活潑深受學員喜愛。

內外部人才協作

許澤民

許澤民的內外部人才協作金鑰

職場價值＝專業能力×協作能力－溝通成本

VUCA 時代，你作好準備了嗎？

VUCA 是 volatility（易變性）、uncertainty（不確定性）、complexity（複雜性）、ambiguity（模糊性）的縮寫，這四個單詞是當今商業環境的常態，大至企業，小至個人，都必須因此做出生存的調適。

在 VUCA 時代，競爭對象、產業結構、科技更迭都因此產生劇烈變動，你找到清楚的個人定位和職涯北極星了嗎？

一個蘿蔔一個坑，退休爽領退休金的時代已成過往，你存夠本了嗎？

你的競爭者再也不是坐在隔壁的同事，而或許是新的商業模式，或許是遠在天邊的科研工程師，複雜多變的商業脈絡，你理得順嗎？

過去的成功法則不再一體適用，創新企業的生命週期更短了，排行榜上每年都有新面孔，面對變異更大、更加模糊的商業環境，你看得清嗎？

協作能力 跨越 VUCA 時代的關鍵踏板

「內外部人才協作」究竟是什麼呢？我們舉兩個例子說明。

以醫藥產業為例，醫藥業二〇一八年全球總體交易額達到一千六百三十億美元，較二〇一七年的一千三百六十億美元增加了二十%，在二〇一八年一年之間，發生了至少兩百六十九起併購案；目的多是規模較大的藥廠為了增加研發產品線，投資在即將上市的藥物，或是增加產品組合以強化本身的產品線，達到更具規模的綜效效果。

不只是數百億規模的團隊研發，在線上遊戲領域也處處可見內外部協作的例子。線上遊戲的某些關卡，為了要增加玩家彼此的協作互動，遊戲設計師會安排超乎等級的關卡魔王，讓玩家彼此組隊，運用牧師的補血能力、魔法師的遠距攻擊、肉坦的防禦力、和攻擊力強的近戰角色等等，讓玩家彼此透過團隊合作達成目標。

所以，「內外部人才協作」就是跨團隊的人員，大家以共同目標進行協作。在這產業變遷快速的時代，每家企業都隨時面臨轉型壓力，必須時時刻刻思考開拓新的業務、產品、或服務；當內部人員的職能或人力不足以完成專案，就必須藉助外力或進行跨部門、跨區域的合作，讓大家在協力工作下完成共同目標。

創新 來自於異花授粉

外部人才有一個與內部人員不同的「優勢」。企業內部是有位階的，在不同位階的員工，往往觀事的角度截然不同，但外部人員卻無位階問題，他也不處於公司的上下權力關係中，在思路上相對容易保持客觀中性。

外部人才也能在同質性的內部團隊中注入一些「異元素」。在同一領域中鑽研、或是同個團隊中工作的人，長期以來思維、習慣難免會趨於同質化，這時可能需要一些外部異質性元素的刺激加入，激發出彼此更多的創新靈感！

有本書《決定未來的10種人》描述「異花授粉者」，他們擅長於從一個領域或產業中找出聰明的解方，成功應用到另一個領域或產業中。異花授粉者具有跨領域的背景，能夠把各種不同的能力和興趣融會貫通，產生獨到的見解，把一些看似毫不相干的構想或觀念並列，從而創造出更新、更好的事物。

這種跨領域的整合型人才，我們未必找得到，但仍可以透過內外部人才協作方法，自動產生「異花授粉」的創新效果。

跨出專業 才能展現專業

從我在醫學中心擔任物理治療師到今天，已邁入第十二個年頭，累計超過八千個臨床個案；同時我也是一位培訓師，自六年前起累計了超過三百場培訓，並在二〇一八年贏得「華人好講師」台北、蘇州、上海三城賽事的台灣首獎。

每天在面對不同的個案時，我一直在想，這些年所累積的經驗能不能用更有效率的方式去傳遞給更多的對象？所以我開始將自己的經驗梳理出架構，琢磨上台的技術成為講師，也在很多演講當中，感受到大家對於健康議題的求知渴望，以及自己面對聽眾和學員時的熱情。

這些年來，我更看到許多身體癱瘓的朋友，一個個活出精采，成為帕拉林匹克運動會的運動員，結婚、生子，出書演講分享，用他們的生命經驗，影響更多的人。因為他們的激勵，我也經驗到透過講課、演說，我可以一次將專業能力傳遞給更多聽眾，相對於一對一的治療形態，能為這社會帶來更大的貢獻。

職場價值＝專業Ｘ協作力－溝通成本

二〇一七年坊間出版了一本風靡全球的書《斜槓青年》，它完美詮釋了何謂內外部人才的協作。「協槓」，其實就是「協作＋槓桿」，我們確認自己的能力邊界，知道自己能夠做什麼、以及不能做什麼，再來透過協作能力，與其他專業嵌合在一起，以產生更大的市場價值。

比如說，有些講師本來只是單純地授課領鐘點費，後來他們開始把自己的專業內容和影音平台結合，推出線上課程，透過專業的互補打造出新的產品，以觸及很多過去講師身分接觸不到的市場。也有講師在產品呈現上，運用協作能力把課程內容與遊戲設計專業合作，設計出教學卡牌或是實境模擬的遊戲，讓企業培訓的場景更加地多樣化。更有講師把自己熟悉的招牌課程內容，文字化、結構化，將它變成可複製的教學系統，讓更多講師可以快速學習並上手教學，這就是所謂的版權課程。

羅輯思維創辦人羅振宇一直倡導一種「USB」的工作模式。每一個專業的個人不依附在任何組織之下，基於興趣與熱愛，把自己的專業職能打磨到頂尖，就這樣開始了與他人的協作，並且透過市場的摸索找到個人的價值定位，這就是所謂的「自帶信息、不同系統、隨時插拔、自由協作」的工作模式。而他認為他自己就是一個「USB化的手藝人」，只不過這樣的手藝透過網際網路的新科技，能夠一次吸引十幾萬人的圍觀並且產生獲利。

因為在過去的組織當中，我們是透過主管的觀點來獲得評價，但是一旦你成為一個「USB人」，我們就能夠自己創造價值，從這個價值鏈當中的節點來獲得自己專業的評價。

內向者也能成為培訓師嗎？培訓師的四大能力

若見到我本人，你會發現台下的我內向寡言，處身人群中寧願扮演觀察者的角色；內向的個性在擔任培訓師時，更需要大幅的自我調整。其實成為一位培訓師，你可以外向、也可以內向，也不一定要受過醫學院訓練，但我認為你必須做到以下四件事。

「有感」，指透過精準課訪，設計貼近企業的案例和活動，讓學員在第一時間，可以感應到平常切身的「痛點」，舉例來說，情商〈EQ〉溝通、人際關係，或是身體覺察、壓力舒緩類的課程，我們就必須做到讓客戶聽眾能夠迅速覺察問題，並讓夥伴意識其重要性，讓課程效益與聽眾本身需求緊密結合。

「有覺」，指以多元的教學手法、教具、互動、體驗、遊戲化，讓夥伴在情境中，反思自己的慣性狀態，例如「我的慣性人際互動模式？」「平日常遇到的情緒問題？」

「慣常的身體壓力？」透過演練，在課程中個別化地凸顯夥伴的問題；不只是老師教學，更重要是讓夥伴充分反思且與過去經驗連結。

「有學」，培訓師必須提供夥伴可以立即操作運用的技巧方法、並以道具、活動等手法讓夥伴好吸收，也要透過生活化案例說明，將艱澀的知識，讓夥伴在活動演練中，自然記住，並了解如何運用在企業每日的事務情境中。

「有效」，這也是企業最在乎的，你必須以企業情境設計課堂案例，並藉由案例互動過程中，彙整出實用的操作步驟，讓夥伴好記，且能夠在課後輕易實用。我曾經遇過一位HR，他說，「現在大家都會演講、都能表達，但我不要這個。」因此你得是「培訓師」，協助夥伴、企業做出實質的行為改變，績效提升。

看清協作的「局」

舉個例子來說，一位培訓師執行一場企業內訓之前，往往會有課程對焦會議，會議當中通常會出現四個角色，一個是培訓單位的主管，再來是企業人力資源部的承辦人，最後就是講師和顧問公司。

身為一位培訓師，我們必須認清楚每一個角色的任務、目標和立場。在會議當中單位主管身為「決策者」，他擁有最終的決定權；HR具備人資及培訓的經驗，他了解講師會透過什麼樣的手法去達到培訓目的，所以可以從旁去影響主管決策，屬於「影響者」的身分；「執行者」也就是顧問公司和講師，他們往往在乎的是操作細節，和決策者的評斷標準。

為了要看清協作的「局」，在進行任何協作之前，首先要自我釐清以下三個問題：

(1)要進行的活動、要達成的目標是什麼？

(2)這件事中，我擁有多大的決策能力？或者，誰是整件事情的最後決策者？總之，就是搞清誰是老闆。

(3)這個案子的所有利害關係人有哪些？直接負責的是誰？會受益的是誰？受到影響的又是哪些人？

事先搞清楚這些，你才可能事前看清楚整個「局」，進而在後續的合作過程中溝通順暢。別忘了這公式：「你最終的職場價值＝專業能力X協作能力－溝通成本」！

協作能力二大面向：人與事

內外部人才協作中所需要的能力，我想可以分成人「人」與「事」兩個面向來說明。從「人」來看，既然是團隊合作，當然得掌握處理「人」的能力，處理自己也處理別人。人際之間的能力包含了溝通能力以及建立關係的能力，前者包含傾聽、觀察、表達的能力，而後者則是指如何從信任、親和並一路到關係的建立。

每個人來自於不同的專業領域、團體組織，想要拉近彼此之間的距離，勢必得透過深度的理解、信任、及認同的過程，讓每個人找到在團隊中的歸屬感。其中理解是最基本而重要的——理解別人與我不同之處及其原因。畢竟，人對了，一切事情才會對！

再來就是處理「事」的專案能力了，包括：

(1)如何授權？——如前文所提，預先搞清楚專案中活動／決策／關係三個問題，也就是我們的任務是什麼？我的權限到哪裡？以及協作過程中有哪些利害關係人？

(2)如何領導？——領導者又可拆分為三個「A」來問自己，包括「aim to」〈夥伴對於專案的目標及達成意願夠不夠明確？〉、「able to」〈夥伴是否具備完成專案所需的能力、以及條件？〉、以及「aware of」〈夥伴是否與我有同樣的認知？或是團隊是否有共識？〉。

(3)如何規劃？——包括目標／關鍵成功因素／行動項目／當責者四個思考點。

舉例來說，三國演義中，劉備三顧茅廬終於說服孔明出任軍師，在「隆中對」、這次堪稱史上最屌的「面試」中，孔明當場為劉備分析天下大勢。

他的大方向是讓劉備與東吳孫權、北魏曹操三分天下，這是「專案目標」；為達此目標，他提出因荊、益二主皆弱，應先取荊州為家，再取益州成鼎足之勢，結好孫權以為援，這三項即為此專案的「關鍵成功因素〈key success factors，簡稱KSF〉、以及「行動項目」。

那麼誰是這些行動的「當責者」呢？後來就由孔明出馬聯合東吳，關羽鎮守荊州根據地，劉備率隊西奪益州。綜上所述，目標／關鍵成功因素／行動項目／當責者就是專案過程中要考慮的四大項目。

協作常見的三大阻力

協作的過程中，當然不會一帆風順，**常見的協作問題有三，分別是角度問題、定義問題，以及情境問題。**

在內外部人才協作過程中，最常碰到的問題我稱之為「角度問題」。

以醫院急診為例，有病人被送進來急救對於基層的救護人員來說，他所關心的，就是「發生了什麼事？」他看到的是眼前的「事件」；中階管理者看到的是「模式」，例如，思考如何規律性地調整醫護工作人員的休息時間；而高階主管考慮的是「結構」，例如，急診室目前的人力結構是否充沛？目前的「醫護比」是否有需要調整的空間？而最高層的院長關注的可能是整間醫院的「願景」，思考調整人力結構，是否符合全院的利益、或滿足病人的權益？

位階不同，每個人的關注角度就不同。這時候，我們特別需要具備覺察能力，才能理解別人的思維，並且突破自我角度的盲點。

另一個常見的問題，是「定義問題」。

可能每個人有自己的專業語彙，但他人未必理解，像是設計師聽不懂工程師的專業語彙，工程師也未必理解設計師的圖樣和設計理念，結果大家各說各話，卻誤以為對方聽懂了。所以協作中需要良好的溝通及精準定義的表達，讓大家以「共同理解的語言」前進。

如何時時確保他人與你同步？在許多一對一教學情境，和課程的互動中，我發現「一定OK」的原則。按照這樣的步驟我們可以讓同步協作一定OK！「E→D→O→K」是指：Explain→Demo→Operate→Keep feedback，亦即說明→示範→操作→持續回饋四步驟。

我常在課程中設計，讓學員們分組，然後在很短的時間內，要求每個人必須教會他人一件事情，像是教會對方跳舞、滑手機、或是按摩穴道。當每個人實際演練下來，不難發現，在「成功的指導」中，E→D→O→K就是最關鍵的操作流程，透過這四個步驟，以確保人我的同步。

內外部人才協作的過程中，最後一個常見的問題，是「情境問題」。

每個人都有不同的立場及利益，但是當彼此的立場及利益發生衝突時，建議你這時一定要「聚焦利益」，而非立場。這樣的例子，在生活中隨處可見。

一位講師朋友曾分享他的故事，他的太太常抱怨：「你怎麼都不回岳家？你已經兩個禮拜沒回去了耶！結婚這麼多年才回去幾次，你真的很誇張！」

朋友：「可是我最近課很多啊！這兩週我真地很忙……。」

太太有她作為太太的立場：希望先生常回岳家；而我朋友也有作為講師的立場：希望自己有限的時間不要被剝奪。

立場是很難改變的，這時若雙方始終關注在立場的差異上，那彼此的衝突就沒完沒了了。

但如果嘗試聚焦在「利益」上呢？

太太要求先生回岳家，她想得到的「利益」，是「我的家人有被你關心」這件事；而朋友不回家，想得到的「利益」，是「保留更多私人時間」。這兩個「利益」之間能否協調？可以啊！於是朋友跟老婆說：「我的時間目前擠不出來，沒有辦法回家，但能否改用電話來關心爸媽呢？」如此一來，岳父、岳母有被關心到了，他的時間也留下來了，大家皆大歡喜！

聚焦利益而非立場的好處是，後者難以改變，但前者是可以協調、操作、或交換的。可以協調、操作、或交換，則衝突有解！

讓團隊協作順利的三大原則

因此，要讓內外部人才協作順利進行，我歸納出三個重要的原則——溝通假設、同步資源、形成共識。

首先，要清楚溝通彼此的假設，包括共同動機的建立、雙方能力的補足、以及得失的評估，例如有人以為這個專案只須花一年、有人卻假設是三年；或是有人假設案子將創造龐大收益、有人卻不是這樣想……彼此假設不同，合作下去就印證什麼是「因誤會而結合，因了解而分開」了。

再者，要開誠布公、分享所有資訊。若資訊不透明、不平等，或是彼此互有隱瞞，有人處於「狀況外」，這樣如何行動同步？團隊間的信賴亦難建立。

此外，初次溝通時，因為大家欠缺相互理解的脈絡，除了確認彼此的「語彙」是可以互通的，在說明任何事項時，應該將你的意見、意圖、甚至推論過程的前因後果完整地陳述及表達。在說明你的觀點、理由及推論過程之後，最好再詢問是否有不同的意見，以及探詢是否還有任何提問。這些動作，都是為了確認彼此的共識一致，大家是在同一方向下推動專案前進。

還有一點很重要，就是要共同協調出決策的規則。什麼意思呢？任何專案都有其「遊戲規則」，合夥公司中通常是大股東說話最大聲，在醫院中因為主治醫師承擔的風險和責任最重，所以也是最終醫療處置的決定者。

尾聲：誰需要協作？

那麼誰會特別需要協作能力呢？我覺得專業人士特別需要，而且愈專精者愈需要，因為未來是一個分工更細化的世界！

舉身體復健運動訓練為例子，當傷害屬於結構損傷的範疇，通常需要醫師協助；但是若結構無礙，是關節活動度的障礙和復能矯正的運動，那物理治療師是好幫手；但若要更進一步針對運動單項的動作優化和強度訓練，或許運動專家和體能訓練師會是這階段最好的諮詢對象。所以掌握自己專業的核心能力，結合與他人互動的協作能力，專業人士將可以更容易地將自己嵌入未來細化分工的產業鏈中。

總之，當我們養成內外部人才協作的能力後，也同時將自我打造成「整合型」的人才，不僅依靠自己的專業發展，更能輕鬆地與其他各種領域的人才協作，建構出新的「能力模組」，遠征你過去未能觸及的疆界，發揮無限大的潛力及可能性！

my profile

許澤民小檔案

英國劍橋 FTT 引導式培訓師〈Cambridge® Certificated Facilitative Trainer Training Program〉認證

二〇一八年華人好講師〈台北、上海、蘇州〉總決賽台灣首獎

勵活課程設計中心 講師

公務人力發展學院 講師

慈濟大學 臨床講師

醫學中心 物理治療師

陽明大學醫務管理研究所 碩士

C
Part 3

認知勝任力

正向影響力
樂於助人
迭代能力
成功企圖心
思辨能力

C1 正向影響力

趙祺翔

趙祺翔的正向影響力金鑰

傾聽 同理 導引

發揮正向影響力。

當發現我得了淋巴癌，在醫院治療時，我經過很多苦痛。前三次的化療，一點效果都沒有，當醫師跟我都準備要放棄時，在第四次的化療後，發現癌細胞終於被抑制。前後我一共經過了七次化療，在醫院住了八個月。

這段住院期間，我與志工們一起幫忙別的病友，並且把自己的心路歷程寫了下來，希望能跟病友分享我抗癌的經驗，鼓勵大家不要放棄，能繼續堅持下去。沒想到，這本《趙大鼻的抗癌日記》居然變成了暢銷書，在五個國家發行。

於是，有很多機構邀請我去演講，以親身經歷鼓勵病友跟他們的家屬。

我去了，我發現，一個正向的我，真地可以影響別人，甚至帶給別人繼續努力下去的力量。

心懷正念，幫助需要幫助的人，我找到了新的人生路！

大學時，我做過二十二種工作

我來自一個並不富裕、卻永不放棄的家庭。

在那個兩岸對抗的時期，我的父親輾轉偷渡來到台灣，在當時政府的協助下，安置在台灣。我們家有五個小孩，我是長子。為了養大我們，父母親非常辛苦，尤其是我的父親，常常要做兩份工作來維持生計。在這個社會，他也許只是個很渺小的人物；但在我心中，他是偉大的巨人。

因為家中並不富裕，我必須申請就學貸款，才能完成大學學業。當時的我很現實，我需要錢，就努力去賺錢。除了上課時間，其他時間我都在工作，什麼工作賺的錢多，我就去學、就去做，甚至還做過調酒師呢。

當兵時，我擔任海軍儀隊的說明官。對我來說這是一段很有趣的經歷，因為不用花錢就能跟儀隊出國，不用花錢就能訓練自己的語言能力。

說實話，在這段期間，錢對我來說，就是最重要的東西。

然而，在我剛退伍的時候，正準備大展拳腳，卯起來賺大錢，卻診斷出我得了淋巴癌，而且已經是第三期……那年，我才二十三歲。

抗癌鬥士趙大鼻 業務之王趙祺翔

在醫院治療的那段期間，其實是極端折磨的，尤其在治療的開始，完全沒有效果的時候。

當時每天躺在床上，看到有志工來到其他病友的床前唱歌，看他們去到小孩子的身旁說故事，看到他們幫著家屬照顧病患……。我心裡覺得很奇怪，「為什麼他們要做這種沒錢可賺的事？」

在治療產生效果、身體也比較好了以後，我嘗試著跟志工們一起，彈吉他唱歌給病友聽，分享一些自己的經驗，幫助病友一起對抗病魔。在這個過程中，我的觀念逐漸改變了。

我發現幫助別人很快樂；在幫助別人的同時，其實我也在幫助自己。於是當時我把抗癌的這段歷程，寫成了《趙大鼻的抗癌日記》這本書，因為我鼻子不小，外號就叫趙大鼻。

這本書當時廣受矚目，非常暢銷，在海內外的華人圈中，許多機構都很重視這本書，我也非常樂意與大家分享，自己這段抗癌路是怎麼走過來的。死生關頭，的確不好度過，我希望自己小小的一點努力，能夠幫助更多的人堅強起來，對抗病魔，把自己活出來。

我做到了！

書出版了，我也出院了；還是得賺錢，也希望還能幫助更多的人。白天我擔任銀行的派遣員工，晚上就去講課。因為工作表現不錯，公司希望我轉為正職。其實我猶豫了一陣子，有限的時間中，我能同時兼顧「賺錢」與「助人」嗎？但我還是做了。

在公司的五年中，我轉了五個不同的部門。其中一個經歷是作放款業務，從一筆三十萬元的貸款，我慢慢地能做到一筆三千萬元的貸款，最後甚至能達到一筆三億元的案子。那時，我是全國的業務總冠軍。

業務工作之後，我在公司做研討行銷，也因為自己的經歷，幫助公司做一些公益活動的規劃。在這段期間，我依然在寫作、演講、及扮演培訓者的角色。

那年，雷曼兄弟引起全球性的金融風暴，我的部門被裁撤，我失業了。但當時的我並沒有太多恐懼，我相信自己，「我是一個連癌症都能擊敗的男人，絕不會因為這樣一點挫折就垮台！」

我轉職到了壽險業，只花了半年時間，因為業績不錯，成為業務主管，在三十歲那年，我的年薪已經有兩百萬。但是我發現，賺錢的目標雖然達成了，自己卻沒有想像中那樣快樂，隱約感覺，人生似乎還缺少了些什麼。

人生轉變，幫助別人提升自我，成為我的志業

或許是我的人生路比較坎坷，也因為這樣，我比別人有機會接觸了更多的人、事、物。從抗癌的講座、到銀行及壽險業的培訓課程，我發現當講師是件相當有趣的事情。

在經過千場以上的教育訓練、研討會、專題演講、企業內訓課程後，我深深地覺得，我不只講給學員聽，同時我也在聽學員講。每一次的講座，都是一種彼此的學習、相互的成長。

在三十二歲那年，我決定做自己更加想做的事，希望透過分享的過程，讓人們有所改變，得到力量，找到方向。於是我成立了「中華益師益友協會」，除了我自己的正念，更希望能結合有能力、並且跟我志同道合，在不同領域、不同主題願意引領大家共同成長的夥伴，一起幫助別人，也幫助自己走得更遠。

協會的宗旨就是，「透過正向思考，勇於面對負面的自己，並且發揮正向影響力」，幫助學員改變觀念，幫助夥伴得到成就，幫助企業提升競爭力，幫助每個人做自己喜歡的工作。

正向思考第一步 不要與自己的缺點為敵

回想小時候，因為家境的關係，我是有點膽怯、自卑的小孩；但在成長的過程中，因為想賺錢，我學會武裝自己。罹患癌症的那段時間，我也曾經怨憎上天的不公。卻也因為如此，我學會怎麼面對負面的自己。

我學到的這一堂課是，「人生下來就會被比較，不必與自己的缺點為敵。」小時候家境不好，沒關係，長大後我努力賺錢讓家裡過得好；得了癌症，沒關係，我把活著的每一天都活好；失業了，沒關係，我總有再起的一天。

不須要因為被比較而擔心、憤怒、甚至覺得不公。人總有缺點，重要的是如何面對缺點，並且改正它。這改正未必一蹴可幾，也許那是一個緩慢改變的歷程。

正面思考的第一步，就是正向地去面對自己的缺點、或負面的狀況。

曾經有一位參加我們情緒管理課程的學員，他四十多歲，接下父親的公司已經三年，是做汽車零件的傳統產業。他來上課的時候，公司的外銷業務一直成長，他的壓力很大。

在課程結束後，他這樣跟我們分享，「因為外銷的訂單都不小，我會盯著業務，確認他們跟客戶的聯繫狀況；我每天要看帳，怕會計沒有收到款或沒有付給供應商款項；我每一、兩個小時就會巡廠，怕生產線沒有趕上交貨期，怕品管不小心，把不良品發到客戶手上。我不想輸，只能緊盯一切。」

慢慢地，他發現員工們不太會笑了，以前他們下班會相約去吃晚餐、釣個蝦什麼的，現在都沒聽說。而且他發現自己容易生氣，有一天，他的小女兒跟他說，「你好兇，我都不敢跟你說話了。」

「有一次，業務經理跟品管課長發生爭執，了解原因前，我居然對他們大發脾氣。」，他發現自己有點問題，在朋友的推薦下，他來參加了這個情緒管理課程，「我學到了一點，企業的領導人應該幫助團體對抗壓力，而不是把壓力分攤給團體，」於是他作了一些改變。

他開始盡量用部門報表代替部門會議，盡量減少巡廠的次數跟時間，並告訴部門主管，只要對公司有幫助，可以放膽給他建議；更重要的是，要跟員工說話前，他會先想一想，用平靜的語氣來溝通。

「短短一個月的時間，我發現我的工作量變少了，但公司的效率增加了，部門間的協調比較順利、和諧，然後我女兒又來跟我撒嬌了，」他這麼告訴大家。

是的，這就是正向思考，先發現自己的負面情緒，然後面對它，做出一些改變。當你改變自己的同時，其實你就在發揮正向的影響力，影響你周邊的人；而被你影響的人，也許明顯，也許不明顯，但他們同時也在正向地影響他們周邊的人。於是，整個團體，就會逐漸往對的方向走去。

少生氣，做好事，人生是相對的付出

每個人都有脾氣，但根據觀察，我發現快樂的人，通常不太發脾氣，他周遭的人也不太會對他／她發脾氣。這是正向影響力的一個例子。

現代的社會，在工作上、家庭裡、朋友間，每個人都面臨著不同的壓力。但發脾氣是不是能舒緩壓力？答案是否定的。當你生氣發怒、口出惡言時，你不僅是在傷害別人，同時也在傷害自己，因為你會更有壓力。

沒有一個員工喜歡愛發脾氣的老闆，沒有一個老公或老婆能與動不動就發脾氣的另一半長期相處。其實管理好自己的情緒並不太難，當快要生氣時，記得深呼吸，閉上眼睛兩秒鐘，想想因為自己即將說出的話，將會造成什麼樣的後果？若能怎樣做，大部份的時候，你應該很快就可以控制住自己的情緒了。

少生氣可不是諂媚別人，試試看在平常日子裡，保持常笑，講好話，很快地你會發現，你的朋友、同事也會如此對你。也許有可能只是在表面上，但相信我，身處團體中，你的壓力因此會減少許多。人生是相對的付出，你給出正向的反應，往往就得到正向的回饋。

另一種正向影響力，可以為自己帶來快樂及平安，那就是做一些好事，做一些公益。在分享自己的經驗協助病友對抗癌症時，我深刻地了解，「助人為快樂之本」，絕不是課本上的空話，而是真理。

我的意思，倒不是說一定要每個月捐獻多少錢，或者花多少時間從事公益活動，可以在你能力範圍內，隨時保持善念與正念，有機會就幫助一下別人。即使很簡單地像是讓座給老人家，當你做了這件事，聽到對方一聲「謝謝」，相信你也會覺得開心。

像我的一位朋友會蒐集鳳螺殼，洗乾淨以後寄給寄居蟹復育團體；也有朋友會留意送養消息，在臉書上幫流浪貓狗找到家。一些在生活中的具體實踐，你的一點幫助，讓世界更加美好一些；你的心情，會快樂許多。

當你開始想，慢慢做，你會發現，負面的情緒變少了，壓力也變少了，你的生活，將更具有意義。

把自己變得更好，機會自然就會走進來

不只是在從事銀行跟壽險業的時候，在參加其他課程的學員中，我常常發現有些朋友，尤其是年輕的朋友，對這個世界憤憤不平，他們總覺得，「我們努力耕耘十分，收穫卻只有一分」。

一直維持這樣的想法，是很危險的；我常常會這樣告訴他們，「是的，努力不一定有收穫，但不努力一定沒有收穫。」成功是時間跟努力的累積，往往還需要一點運氣，

不是成功不到，而是時候未到。

沒有人每天順利，當你面臨挫折時，更不應該感到灰心。你應該做的是，把自己變得更好，把你的每一天都活好。但也不必把所有問題都留給自己，敞開心胸，保持樂觀；你有長輩可以請教，你有朋友跟你分享，你有同事可以給你建議；不要怕別人看不起自己。

當你在做這些事情的時候，你正在讓自己變得更好；當你變得更好的時候，你正在把每一天都活好。很快地，當你解決問題的能量持續增加時，成功的機會自然會降臨在你身上。

培養見、惑、思、做的能力，逐步正向提升

此外，我常常跟學員們分享「見」、「惑」、「思」、「做」這四種能力。要提升自己，讓自己變得更好，除了以上我們討論過的事項外，每天花一點時間，反思今天發生過的事情，會給你很大的幫助。

所謂「見」，就是在一天的活動結束時，我會建議在入眠前，想一想今天自己經歷了哪些事，而自己怎麼應對或處理這些事。

所謂「惑」，就是當你在回想自己的應對及處理方式時，質疑一下自己，是不是其實有更好的方法？或者有其他的思維？我有沒有犯錯？

所謂「思」，在這個自省的過程中，也許你發現，有些事情做得不是很好，那應該怎麼做會更好，把做法想出來。如果有些事情還沒決定如何處理，那麼思考一下得失，找到最合適的應對方法；如果你覺得自己有些事情做得很好，請在心裡給自己一個「讚」。

所謂「做」，想一想今天有什麼讓自己快樂的事，為什麼？想一想今天有什麼不愉快的事，為什麼？那麼是不是以後可以常做一些讓自己快樂的事，避免一些讓自己不快樂的事？將心比心，如果你對別人做這些事情時，會不會讓對方感到快樂、或者不快樂？

最後，嘗試每天感謝一個人或一件事，也許感謝平常沒空的老婆陪你吃了頓早餐，也許感謝你的同事說你某件事情做得很好，也許感謝有隻蝴蝶在你煩心的時候飛過，讓你得到平靜。

每天花個十來分鐘作這樣的思考，可以增加你面對事務時的敏銳度，會很容易發現這件事情的前因後果，而在最短的時間內找到最好的解決方法。

另外，在反思讓自己快樂的事、讓自己不快樂的事情，以及懷著感謝之心的時候，其實這就是一種修正自己的行為。這會讓你避免一些讓別人不開心的行為，多一些讓別人開心的做法，並且維持感恩的心。久而久之，在潛移默化中，在你不自覺的時候，你已經提升了自我，也讓別人對你的觀感變得更好。

維持正念，自然能影響別人，共同成長

任何一種心態或行為，都會影響你周遭的人，負面的思考，只會讓自己及你身邊的人變得更糟。每個人都希望自己跟自己所處的團體，都能一起變得更好；那麼，該怎麼做？

當我戰勝病魔、努力地開始自己人生的時候，我是這樣告訴自己的，「在我生命可能的所及，都要維持做一個人的暖度，把事情做好，把自己跟周遭的人照顧好！」

當你逐漸變好，你會發現，你在群體中的地位變重要了。你的朋友會變多，他們會

樂意跟你相處，跟你分享生活的點滴；你的同事會給你肯定，會主動幫助你或希望得到你的協助；你在發揮你正向的影響力。

當你想協助別人時，我會建議幾個方法及步驟，那就是陪伴、聆聽、提醒，然後，「一次做一點」。

當面臨難以解決的問題時，人會感到孤獨，也許這個時候，你適時地出現，付出一點時間的陪伴，就能讓你的朋友重新得到力量，不再沮喪。

「心事誰人知」，人難免都會有苦痛的時候，都會有跟朋友訴說的渴望，當你願意、也有時間，不妨多聽聽朋友的訴苦。除了協助朋友抒發情緒，請你也想想，也許某天，你也會面臨相同的問題，那你該怎麼做？

或許你的朋友會希望知道你的意見、或者得到你的建議，這時我希望你能夠保守，我們盡量「提醒」，但是不要「指導」。是的，我們都樂意助人，但我們不是媽祖，即使當我講課時，也從來不會把自己當成心靈導師或者救世主。每個人的環境跟心智都不同，適用於你的方法，不見得適合每一個人。即使是助人，我們要注意自己能力的分際。

「一次做一點」，也許你覺得你的朋友必須做些改變，才能解決一些生活上的問題；舉個簡單的例子，你的朋友太內向了，你想幫助他。而這絕對不是短時間就能改變的，你必須一點一點做，一步一步來，才會有效果，而且不會讓你的朋友覺得尷尬或不舒服。或許剛開始，找一個雙方都認識的朋友，一起出去走走；然後慢慢打開你朋友的生活圈子，改變他的個性或行為。

最後，期待大家都能維持正念，發揮正向的影響力，讓自己及所處的團體，都能共同提升，一起成長。

my profile

趙祺翔小檔案

中華益師益友協會 創會理事長
勵活文化事業 創辦人
奇想培訓公司 總經理
馬來西亞《光明日報》專欄作者
著有《趙大鼻的抗癌日記》、《就算衰到爆也要窮開心》等多本暢銷書

樂於助人

林雅慧

幫別人夢想成真，你也能心想事成。

林雅慧樂於助人金鑰

在一個尋找「福氣」的研討會上，有五十個人報名參加。五十個人走進一個裝滿氣球的教室，主持人提出一個非常奇怪的要求：

給每人一個氣球，要求大家在氣球上用筆寫上自己的名字。

接著將氣球收集起來，放到另一個房間裡。

然後大家被帶到那個房間，要各人分別找到寫著自己名字的氣球，限時五分鐘。

每個人都在瘋狂地找尋自己的名字，大家碰撞、推擠，現場一片混亂。

五分鐘過去了，在場沒有人能在規定時間內找到自己的氣球。

主持人喊停！

要求大家隨便找個氣球，然後把氣球遞給上面有名字的人。

不到三分鐘，大家都接到了自己的氣球。

於是主持人指出：「這就是我們的人生！每個人都瘋狂尋找自己想要的東西，但沒人知道它在哪裡。」

福氣其實取決於周圍的人：給予他人想要的，你就會得到你想要的，這就是生命的意義！

所以，心中有多少恩，就有多少福！

以上這則小故事，是我最喜歡在LINE或WeChat上與朋友分享的文章之一。我相信，樂於助人，是生而為人才具有的愛的特質。

現在的我，在工作及生活中抱持這樣的座右銘：「生命因助人而精彩，生命因學習而輝煌！」然而，我也不是一開始就這麼了解自己的內在潛質、及人生課題。

二十三歲創業 投身餐飲服務十四年

我現在國泰金控旗下國泰人壽保險專招城駿通訊處、翊達推展處擔任處長，進入保險業有五年了。但其實在入行後的一年半，我就已經當上處長，可說是創下最短時間內晉升推展處長的公司紀錄。

而在進入保險業之前，我也曾當過上班族、甚至老闆。從學校畢業後，我最先是在一般企業的管理部門，擔任行政工作。行政職對我來說，挑戰性太低，當時年僅二十三歲的我，萌生創業的念頭，頂下朋友的一家店，就開始經營起一家咖啡簡餐店。回顧當年的決定，應該說我的個性就是如此，一旦有了念頭，不會想太多就開始衝，呵呵！

而且，不像多數人立志開店，可能一年、三年就夢想幻滅、宣告陣亡，這一做下去，我就一直做到了三十七歲，整整十四年的光陰！

不只一家，我們的店，甚至曾經開到台灣大學學生活動中心裡的學生餐廳。

中年轉戰保險業 一年半晉升推展處長

只是，伴隨人生的不同階段，我陸續結婚、生子、買房。餐飲業那種全天投入的工作型態，說真地不太適合有孩子的母親。我有一男一女兩個孩子，才滿月就得送回娘家，請母親代為照顧，只有休假日才能夠陪伴他們。

三十七歲時，女兒正就讀國中，我心中開始不斷地反問自己：「這一輩子，我都要被綁在這裡嗎？」這種不能親自陪伴孩子成長的遺憾，我想應該是許多餐飲創業者的共同心聲吧，也終於迫使我積極思考生涯轉換的其他可能性。

當時店中正巧有在國泰人壽工作的客人，得知國泰人壽正在擴大徵員的消息。我記得，那時向我招手的主管，本身同時也是旅行社的老闆娘，她完全是以「事業經營者」的角度來跟我聊，果然令我大為心動；加上我原本在學生時代就已經考過保險相關證照，因緣際會，讓我決心將簡餐店頂讓出去，轉戰金融產業。

「其實，不敢冒險，就是最大的冒險！」懷抱著這樣的信念，讓我勇於選擇中年轉職。果然，帶著創業者特有的韌性與拚戰精神，我入行一年半即晉升推展處長。我發現，從事保險業的好處之一是，雖然工作的挑戰性很高，但只要你肯努力，就一定會被看見！

昔日的工作歷練 成為今朝成功養分

對我來說，保險業的工作時間實在太有彈性了，讓我多出許多時間陪伴家人，也從此開展更寬闊的視野。我變得特別喜歡到處上課，吸取新知，也深受知名講師陳彥宏的啟發。陳彥宏老師二〇一六年因病過世，是國內少數同時具有 NLP〈神經語言程式學〉、催眠、團康背景與銷售實務的創意講師。

後來，我邀請趙祺翔老師到扶輪社分享，之後又帶領團隊夥伴去上祺翔老師的課，由此認識了勵活課程設計中心的夥伴，才讓我的講師之路由企業內逐漸轉向外部單位。

對我來說，當講師不重在收入，而是樂在分享。而我常分享的，則是工作中最擅長的，包括創造我的品牌、團隊建立、領導力、情緒管理、職場溝通、業務行銷等系列課程。

無論是從事金融產業、或是擔任講師，昔日的餐飲創業歷程，造就我超越一般人的「人際親和力」，沒想到，它也成為我今日事業的最大助力、及養分來源。

昔日開那麼多年餐廳，與許多客人都已變成多年朋友，而這些客人來自各行各業、各領域多有。而且，我天生就喜歡連結不同的人脈及資源。比如在店裡認識一位愛畫畫的朋友，我就會思考：「不如把場地借給她，讓她授課？」於是我的店又化身為可以上課的場所了。

如今，踏入保險業，保險業原本就是助人的事業，國泰人壽的企業精神，講究「以人為本，利他為先、發展為要」，無論是對待夥伴、或是對待客戶，最關注的都是「如何與人建立關係？」「如何幫助他人？」這也讓我一路走來，可以始終維持自己的人生初衷——利他助人。

在工作中 逐漸發掘自己有助人潛質

當然，喜歡幫助別人，這種特質很少有人會自己發現的；或者可以說，即使你喜歡幫助別人，往往也會視之為是「理所當然」，而不會將它當作是一種特殊的人格特質。

因此，年輕時的我，即使從事的工作與人群息息相關，也從來沒察覺自己特別喜歡幫助他人。

我有這種特質，幾乎都是別人告訴我的！比如認識趙祺翔老師之後，他常常回饋我說：「妳很喜歡幫我做這個、那個耶！只要向妳提出要求，妳總是樂意幫忙。」

比如，在工作中，看到新加入的夥伴發生困難、卻不知如何主動表達，我就會忍不住伸出援手。我發現，只要能夠帶給別人一些幫助，我就會感到有無比的成就感！

又好比是日前的 **OPP** 企業參訪〈公司所舉辦的創業說明會〉，我發現單位主管因為太過忙碌，來不及準備資料，會前焦急地如同熱鍋上的螞蟻，我就會私下提供可以用來播放的影片給對方，讓對方得以順利完成任務。

我想，這例子恰好點出「助人」的其中一種關鍵能力，就是「覺察力」。幫助他人，絕對不是徒有熱情、「一頭熱」就足夠。雖然有幫助他人的「意願」，你必須對人夠敏銳，觀察到他人所沒留意的，然後在適當的時機，察覺到對方的需求，才有可能「幫到忙」，並且「幫對忙」，不是嗎？

這份對他人心情的覺察力，不能不說是得利於我過往多年來服務餐飲業客人的經驗，閱人無數，自然更善於察言觀色，感知對方的情緒狀態。

利他不能帶來眼前的利益 但長期必有迴向

談到「利他助人」，可能是普世、人類共同遵奉的價值之一，但它往往淪為抽象，當要具體實踐在生活中時，又是另外一回事了。

怎麼說呢？就拿保險業的實際每日工作來說好了，我觀察到，即使國泰人壽的企業精神標榜的是「以人為本，利他為先，發展為要」，但在實際推廣業務時，不難發現某些新進的同事們，一切服務仍不免以「促成簽約」為目的，這在高度「業績導向」的行業中，是很正常的事情，付出，就該得到一定的「成果」及「效果」。

正因助人不會得到當前的利益，它的效果通常要經歷長時間才可能看到、或是迴向給付出的一方，因此不難想見新進同仁在推展業務時會顯得比較「急進」、「功利」。然而有趣的是，當新進同仁過度地集中心思在「促約」這樣的目的上時，反而「欲速則不達」，從來沒有成功過！因為被你服務的客戶，只感受到你想達到目的的企圖心，卻沒感受到你有為他著想。

反之，當你服務客戶時，是真心誠意地同理客戶的處境，想要為客戶解決問題，進而提出對客戶最為有利的方案時，對方自然而然會感受得到，反而最終保單成交率比較高！

人際間的互動，微妙之處正在此，當你作為出發點的心態改變了，不是僅求業績達陣，也是真心想要幫助對方，你的所言所為自然會有所不同，對方的感受也截然不同，最終達到的效果自然有差別。

保險業常見的另一個例子是，因為業務員的流動，造成許多年久失聯的「孤兒保單」。公司高層常要求業務員針對這些保戶，回頭去做追蹤及後續服務。說真地，因為這些保戶原本並非你的客戶，且失聯多年，聯絡上通常耗時費工，且服務他們，也得不到什麼眼前的利益或業績。總之，這種工作很像是「作佛心來著」，對業務員沒有短期效益可言。

但很神奇的是，當你不計代價地進行這樣的服務後，長期下來，一定會有成果！甚至三個月內，這樣的付出就會發酵！

因此，利他助人不僅是種普世的價值，它更是一種「你好，我也會好」的神秘人際解方，讓得到你幫助的人打開心房，讓得到你幫助的人回饋以信任。

助人心態 最好從小開始培養

有人似乎天生熱情，樂於助人，但並非每個人都如此吧！個人認為，「樂於助人」這種人格特質，它可能是種天賦，但也肯定可以經由後天培養，而且最好是從小就開始培養！畢竟在人格養成的關鍵年紀，一切養成都會比較容易。

像是現在對於我的兩個孩子，我就常常進行機會教育，讓他們學會「看到別人的需要」，思考「助人」的人生課題。

在工作周遭，也不難看到一些年輕氣盛、特立獨行的工作夥伴，自視能力強、業績優，「我不需要別人的幫忙，同樣地我也沒有興趣關心別人，大家各自顧好自己，不就夠了嗎？」

事實上，我的觀察是，再強悍的人，也難免會遭遇到挫折；當他們遭遇到困難的時候，最後仍然得回到團隊中尋求慰藉、以及協助。所以，人類始終是群居的動物，並且在互助共榮中，才得以生存、茁壯、成長。

樂於助人，是一種人格特質；然而若要轉化為具體的能力，它可能包括了傾聽、同理心、及覺察力。

有效的傾聽 從閉嘴聽對方說話開始

多數人做不好「傾聽」，是在聽對方講述問題時，總是不自主地想要引導、或建議對方怎麼做。

其實多數時候，我們只要單純地聽他說，就足夠了。因為，人在說話表達時，也在同時間整理自己的思緒。因此，有效的傾聽就是讓對方說，說著說著，往往到最後，其實問題的答案已呼之欲出，說者也已心中了然。

但傾聽這個動作極其重要！任何人都渴望被認同，當你真地專注聽他說話，對方便會更加信任你。

舉個工作上的例子好了，有次某位阿姨客戶來電，說她的錢不想存銀行了，想聽聽我們的建議；同時她也抱怨國泰的服務員，說平時對她欠缺關心……等等。總之這位阿姨當下有諸多的抱怨，我就是讓她盡量地先宣洩不滿情緒，不急於辯解或回應。結果說著說著，阿姨自動心平氣和了，我才逐漸帶入正題，提出解決阿姨問題的建議方案。

從這例子來看，當對方對你的戒心放下了，就會產生信任感，這時無論再提出任何方案，對方都很容易接納你的建議。這，就是「傾聽」的神奇效應。

助人兩大能力：同理心、覺察力

至於「同理心」，則是設身處地地站在對方的角度思考，思考「對方最想要的是什麼」。不具備同理心的人，就算你一心助人，可能也只是被罵一句「雞婆」，因為你只是以「自以為是」的方式幫助、關心他人，對方未必得到好處，甚至還可能感到格外有壓力！

最常見的例子是，看見某位同仁業績跟不上其他夥伴，成績掛車尾，有人可能就熱情地幫他打氣，「加油！你一定可以的！」

但，你有考慮過他眼前可能還面臨其他問題、因而業績失常嗎？或是他最在意的目標及價值是什麼？或是其實他內在已經為此焦慮到夜夜失眠了，你這樣說，只會讓他感覺壓力更大……。

在人家想要獨處時，堅持陪伴；在人家只需要傾聽時，卻不明就裡地「激勵」他……這些「熱心」，有時就是欠缺一些「同理心」啊。

至於覺察力，則可能來自於長久的人生閱歷，但也能在日常生活中嘗試培養。我的建議是，每天回到家，在睡前，拿一本筆記本及一枝筆，將當日所見的人、事、物，化為一段文字記錄下來，可以回想令你印象最深刻的一件事。養成這樣的習慣，長此以往，應該就會逐漸將你的「表面經驗」，轉化為對外在事物的「深刻觀察」。

擴展生命經驗，我認為也有同樣的效果。除了工作之外，多去做你喜歡的事吧。人生絕不只有工作而已，我總是不斷鼓勵年輕夥伴們要多多培養興趣，無論是書法、衝浪、儀隊、跳舞……什麼都好。當你擁有工作以外的興趣，更能維持身心健康，對人生始終保有熱情，自然覺察力也會比較強，對外在的一切人事物都很「有感」！

幫助別人前 須先強壯自己

同時，我想提出一個相當重要的提醒：在幫助他人之前，請先把自己照顧好！能夠有能力照顧別人的人，自己的身心一定要是足夠強壯的，如此才有餘力幫助他人。

就好比有人失戀了，心情沮喪來找你哭訴，結果你的身心狀況也不佳，可能受到對方的情緒波動，別說幫不上對方了，搞不好連自己都走不出情緒的低谷。

像是我曾遇過一位有精神困擾的夥伴，多年前就因罹患躁鬱症而發病，持續吃藥治療。近幾年他狀況漸好而停止用藥，但前一陣子，又無故從工作中不知所踪。

當對方真正發病嚴重時，非精神科專業的我們是幫不上什麼忙的。幸而後來這位同仁又在公司現身了，顯見他的病情已有好轉，我就積極拉著他一同去孤兒院擔任志工。我想，那樣可以適度轉移他的注意力，而在對別人的付出中，他也會獲得很多正面的回饋，從而感受到自己的價值。

我真心認為，想要幫助他人，是一種心態，它不是等你有錢有閒時，才能夠去做，而是無時無刻都可以在生活中去實踐。前提是，你得要先把自己照顧好，並且量力而為。

助人最終的目標 是對方的自助自立

此外，不可諱言地，這世上有些人是習慣性地抱怨一切，或是所謂的「依賴型人格」。也就是說，遇到某些對這世界抱怨無止息的那種人，就算你幫助他，他也未必會感激你。例如你今天給了他十元，明天給他五元，他可能還會罵你：「怎麼愈給愈少？」或是碰到有「依賴型人格」的人，你愈幫他，他就習慣性地更加依賴你，讓你揹著他、愈揹愈沉重……。

坦白說，「世上可憐之人，必有可恨之處。」所以幫助他人，除了量力而為，有時也要自我提醒，不要一味地幫對方「想方法」，而最好是讓對方「自己想出方法解決」。

像是在工作中，許多年輕夥伴創意無限，想法如天馬行空，我的協助之道就是盡量陪伴對方討論各種可行性，但避免直接的指導或「幫他想辦法」。這樣，才能最終引導對方自助、自立。

對我來說，持續學習、擁有多元興趣、能夠對生命懷抱熱情的人，自然身上會萌生出源源不絕的正向能量，去幫助他人。而且，樂於助人的人，自己也要勇於開口求助，可以大方承認自己的脆弱、無能，學習著去接受來自別人的幫助。

這種成員之間樂於相互打氣、互補有無的團隊，不僅團隊氛圍好、工作有勁，更能不斷地產生正向循環，推動團隊向前邁進！

my profile

林雅慧小檔案

二十三歲創業經營咖啡廳十五年，認為「不冒險就是最大的冒險」，因此中年挑戰金融產業。現於國泰人壽服務，創最短時間內晉升推展處長的公司紀錄。時時提醒自己莫忘初衷，秉持以人為本、利他為先、發展為要精神，將自身經驗分享給學員，並引導學員發現自我的價值。

迭代能力

劉皓

劉皓的迭代能力金鑰

人生的累積，如同產品的迭代，每次改版就像蝴蝶的蛻變。

「迭代」概念常在軟體工程業界不斷地被運用、講述，其實若將它用來詮釋當前社會的企業演變、甚或是個人職涯的發展路徑，同樣也相當具有啟發性。

但，究竟什麼叫作「迭代」？

根據「維基百科」的說法，迭代是重複回饋過程的活動，其目的通常是為了接近並到達所需的目標或結果。每一次對過程的重複被稱為一次「迭代」，而每一次迭代得到的結果會被用來作為下一次迭代的初始值。

從生活到商品研發 迭代無所不在

以上的說法，似乎有些抽象？讓我再用最通俗的說法來解釋「迭代」吧！平常當我們安慰人時，是不是常說「失敗為成功之母」？

失敗為什麼是成功的媽媽呢？因為在每一件事達到完全成功之前，幾乎都必經多次失敗的過程；然後我們在每一次的失敗中吸取、累積經驗，保留正確的部分，修正錯誤處，調整後重新出發；在一次又一次的試誤中，我們會愈來愈靠近成功、或完美。

而類似這種不斷試誤、從失敗中累積經驗、並且重複回饋過程的活動，我們就稱之為「迭代」！

因為大學時代，我念的是資訊工程系，用程式語言的撰寫來比喻「迭代」的過程，其實再適合不過了。當第一版程式寫出來了，你可能從中發現某些錯誤的 bug，然後修正產出第二版；第二版寫出來時，你可能會想再補入其他新的功能，於是又寫出更新的第三版……。就這樣歷經若干個版本，撰寫一段程式絕少是一次到位的，總是在一次又一次的版本更新中，趨於理想。

另外一個廣為人知的商業案例，則是蘋果公司〈Apple〉智慧手機iPhone的商品發展過程。從二〇〇七年第一代的iPhone問世，到二〇一八年為止大約歷經十四代的更迭。呼應用戶的需求，伴隨外在市場的變遷，配合新科技技術的演進，iPhone每一次推出新版本，都是修正前一個版本的缺失，加入新的功能或元素，以滿足更多的用戶需求。

透過「迭代」不斷地自我升級，讓iPhone這支產品經過十餘年而與時俱進，聲名始終不墜，市場稱王，也逃過產品「週期性衰敗」的命運。

迭代是不斷試誤並調整策略的過程

為什麼產品研發需要經過「迭代」呢？就不能一次到位嗎？因為「成功」往往非一蹴可幾，若要產品趨於完美了才推出，研發時間會相當長；等到輝煌問世時，恐怕已經變成「過時的產品」，而市場可能早就被其他競爭對手吞食精光了。

正因為現代新科技發展得太快速，社會、市場變動也顯得異常劇烈，將產品研發時間拉得過長，相當不智，因此「迭代」這概念在現今這時代格外重要。

它不求每一代推出必須成熟、完美，概念上是「堪用」、「可供測試」就足夠，然後讓它在市場上被考驗、測試反應、回饋意見，好作為下一代修正、調整的參考。

因為我是一位桌遊講師，其實用桌遊或下棋之類的經驗來解釋「迭代」過程，也是相當貼切。

第一次下棋時，你一定對遊戲規則還不熟悉。走著走著，你可能走到不錯的好棋，或是走到死路。下一盤棋，你勢必會調整策略，延續不錯的走法，閃開走過的死路，最後可以輸得愈來愈晚，甚至贏得勝利。

下一盤肯定比這一盤好，因為透過試誤→策略調整→接受新資訊→調整下一步→獲勝的過程，你的「玩家策略資料庫」屢經迭代，你的下棋「段數」也將愈來愈高。

當然，在下棋時，你可能遇到死路。這時可能就得「打掉重練」，退回到上一個版本。所以，迭代的過程未必始終是：1→2→3→4→5，有時它也可能是類似：1→2→3〈發現此路不通，退回上一個版本〉→2→4→5……等等。

所以，很重要的一點是，你一定要留下每一次的版本記錄，否則一旦中途走到死路，如何回溯既往、打掉重練？想想看，在網路上不斷被更新、但先前資料也獲得保留的維基百科，不就是出自類似的概念嗎？還有中華民國憲法也是。

玩桌遊也是如此，玩家首先要知道這個遊戲的目標、或是規則，例如「打敗對手」，或是「讓其他玩家倒閉」；你走出第一步〈第一個版本〉，然後不斷調整作法、接收新的資訊，可能遊戲規則（市場狀態）發生轉變，你又產生新的策略版本，最後達到遊戲的目標。

拆解迭代能力背後的軟實力

因此，所謂的「迭代能力」，背後代表哪些能力呢？

我認為，首先是願意嘗試錯誤的能力；第二，是接受新資訊的能力；第三，則是遇到困難、阻滯時的機動調整能力。就像生產一項產品，市場卻不買單，是否能立刻調整方向？或是這張卡出來態勢不妙，遇到阻礙時，考驗的就是你機動調整的速度。第四，是獨立思考的能力，以及「預期結果」的能力；第五，則是心理素質。

談到心理素質這一個主題，我頗有所感。因為在各個國中、國小、甚至高中、大學教授桌上遊戲課程，我常發現，許多高中、大學名校畢業的學生，進入社會後無法適應職場的競爭；或是國小一年級的孩子，剛進入學校時對於社交或課業感覺有壓力，適應不良。

無論在求學時或人生其他階段，培養心理素質及抗壓性，都相當重要。像是玩桌遊，從我的授課經驗中，對於提升孩子的抗壓性、以及面對困難時的耐挫度，有很大的幫助！

大四接觸桌遊 從此開啟人生方向

說起來，我們人生生涯的發展，也可以用「迭代」的概念來加以詮釋喔！

大學時代，我念的是輔仁大學。二〇一一年、也就是大四那年，室友在宿舍邀我加入，讓我在無意中接觸到桌上遊戲。

桌上遊戲起源自歐洲，一般叫作「Board Game」或是「Table-Top Game」。顧名思義，桌上遊戲包括在桌子或其他任何平面上進行的遊戲，所以廣義來說，麻將、跳棋、西洋棋、象棋、圍棋、撲克牌遊戲、大富翁遊戲……這些全都算是某種「桌遊」。而它與一般電腦遊戲最大的區別是，桌遊指的主要是「不插電」的遊戲。

在歐美國家的家庭時間中，桌上遊戲是不可缺少的要素。不論是朋友聚會或是家人同樂，任何聯誼性質的活動，都能靠桌遊馬上炒熱氣氛。

台灣近年也開始興起桌遊風潮。桌遊多元的遊戲類型、豐富的故事主題，以及精美的配件，馬上就能吸引大家的目光，從三歲到九十九歲，都可以找到適合玩的遊戲，輕鬆進入桌遊的世界。

雖然是從娛樂的目的作為開端，但隨著桌遊的發展愈來愈成熟，它的應用層面也愈加寬廣。無論是在幼兒教育、國民教育課程規劃、樂齡陪伴、企業訓練、心理輔導／諮商、及複合式餐飲等各領域，都不難看到桌遊的影子，許多人善用桌遊作為最佳輔助工具。

我的生涯發展，也無異是一段迭代歷程

當然，二〇一一年的桌遊真地還是很小眾。二〇一二年，我念大五，有人找我組社

團，我們就共同創立了輔仁大學桌遊社；二〇一三年，我開始受邀到國小教桌遊課程；二〇一四年，我參加桌遊教師研習。

二〇一五年起，我開始投資在公館羅斯福路的桌遊店「桌兔子」，這段經歷是重要的「磨刀期」，因為你得開始學習一些經營、管理的能力，並且學習行銷技巧推廣桌遊店的業務，學習整合並善加利用各方資源……等等。

二〇一六年，我開始教授樂齡族桌遊課；二〇一七年，我受邀到社區大學教授桌遊課程；二〇一八年，我參加桌遊師資培訓班。

回顧從二〇一三到二〇一八這五年時光，對我的生涯發展來說，也算是一段頗為重要的「迭代」過程。從二〇一三年教國小學生玩桌遊↓二〇一四年開始研習教學技巧↓二〇一五年開始經營桌遊的推廣，接觸的族群更加廣泛↓二〇一六年，接觸到樂齡族群，面臨的教學挑戰，截然不同於小朋友↓二〇一七年到社大教桌遊，面對內湖科學園區、平均年紀三十幾歲的族群，還必須設計出連續十八週、週週不同的課程，三期下來就是五十四週的馬拉松式教學體驗↓二〇一八年參加師資培訓班，算是總結過去五年經驗、必須繳出完美成績單的最後階段。

我的生涯發展也像「疊疊樂」，有時向上堆疊能力，有時向旁邊、水平累積經驗，不斷改版推出，推著自己繼續往前進步。

作為桌遊講師，我的個人品牌也持續迭代

而作為一個桌遊講師，我個人品牌的迭代，也在這過程中持續累積，包括接觸面向、專業度、及知識廣度等。過去五年的我，接觸的族群已涵蓋各級學校學生、樂齡族、社大學生、社會大眾……等，而未來我打算努力擴大企業這個區塊的經營（目前在企業受邀，以新人訓練為主），將成為我二〇二〇年之前的迭代方向及目標。

在講師領域，擅長桌遊的人不多，這也成為我在這領域發展頗為重要的特色、及專長。

此外，我覺得自己擁有的特質之一，是學習力很強。桌遊風行全球，每個月都有非常多的新遊戲問世。所以在這領域你必須不斷地吸取新知，才能隨時跟上不同世代的變化，掌握第一手資訊。

幸而我從二〇一五年開始經營桌遊店，因為開店，我總是可以玩到最新上市的桌遊、參加各類新品發表會。我也常常參加歐洲、美國、日本等桌遊先進國家的專遊展，了解最新的遊戲發展趨勢。開店還有另一個好處，就是圈內人脈充沛，哈！像是店員、以及輔仁大學桌遊社的學弟妹們，都是我的後援人力，可以在我授課時扮演最佳助教團。

擁有過人的耐性，則是我自認擁有的另一個講師特質。請先想像一下，要教導小朋友、或是教導樂齡族，需要多大的耐心？小朋友多半好動，專注力難以集中，必須非常有耐性地與之溝通，並時時抓住他們的注意力；而教樂齡族桌遊，則是另一種挑戰，畢竟長者的反應、記憶、及學習能力都比較緩慢，容易忘記剛學到的內容，所以必須不厭其煩地反覆說明，直到長者逐漸熟悉遊戲規則、輕鬆上手為止。

教學方法及工具 也追求迭代再進化

對於自己教授的課程內容，我也視作「劉皓的產品」，不斷追求迭代、再進化。

無論是上課的投影片、講義，或是運課方式、教學方法、課程內容，從最原始的雛形開始，每上過一次課，就經過一次改版，依次迭代。

桌遊是一種工具，主題獨特，且最妙的是，它結合面超廣，可以跟任何知識作有機的結合，研發出全新的課程及教法。像是在國小及國中，我就將桌遊與孩子們的數學課結合，並透過持續的修改、調整，讓數學的學習愈加有趣，也愈有效率。在大學校園，我則將桌遊與經濟學中的賽局理論〈Game Theory〉作結合，結果也蠻成功的。每作一次嘗試，就誕生一個嶄新的主題！

二〇一八年參加桌遊師資培訓課時，那段期間我看到一部電影《大娛樂家》〈The Greatest Showman〉，電影中一句話令我印象深刻：「帶給別人快樂，是最高貴的藝術。」這句話對我影響深遠，也成為我對於講師生涯的自我期許及動力。

桌遊的本質是休閒、娛樂，帶給人們快樂。透過桌遊，促進夥伴情感，益智、吸收新知，同時得到遊戲的成就感與歡樂時光。我希望自己未來透過桌遊課程的設計與帶領、桌遊師資培訓、及遊戲化書籍導讀等各種方式，推廣桌遊，讓更多人認識桌遊，且樂在其中。

同時，我認為未來還有更多結合桌遊與其它領域的可能性，例如若能將遊戲化的概念運用於職場的企業訓練、個人提升，或是品牌行銷，或是產品的銷售推廣，是不是會非常有趣、瞬間開啟無限想像空間呢？

桌遊設計的迭代 有時仍得打掉重練

二〇一九年，我不再以「桌遊講師」自滿，決定跳出舒適圈，作更多「跨界」的新嘗試，其中一個是出書，亦即你現在看到的這本書；另外一個就是，我正在嘗試「設計桌遊」。

近期我正接受委託為某家公司設計一款桌遊，到現在為止，大概已經過五個版本的「迭代」了。

首先我先詢問需求，對方的答覆是作為企業內部訓練使用，而目標是讓玩過遊戲的人，快速學習到相關知識。在了解對方公司的相關產品及訓練需求之後，下一個問題就是，如何找到適合此一目標的遊戲機制、與遊戲規則。後來，我選擇用類似「對對碰」的概念來設計這款遊戲。

第一個版本推出後，客戶反映，遊戲略顯單調了，「能否多加入一些情境？讓受訓者透過情境的體驗來學習。」

我依此建議改出第二個版本，先在內部測試，有試玩者反映，「有些太過制式，且要調的數值太多了。」

我再改出第二・五版給客戶，客戶反應不錯，只是「一生的經歷重複過多」。

總之，走到這裡，由於某些因素，我必須考慮一切打掉重練；且有鑑於時間壓力，不宜再有延誤，須要積極與客戶溝通，重新對焦客戶的想法，以利於繼續走下去。

雙方重新對焦後，專案愈加順暢。到第四個版本時，保留情境，遊戲規則改得比較簡單，範例加入其他有趣因子解謎、以及關鍵線索……等等，使得遊戲更加吸引人。

到最後第五版時，可以說是集之前版本大成的「完整版」，該有的都有了。而且，為了讓客戶感覺更有「決定感」、有「選擇」，我也作了另一款遊戲的「第一版」，兩種方案同時提供讓客戶選擇。

最後客戶選擇了第五版，任務順利完成，皆大歡喜！

如何實際操作迭代的方法？

那在生活中，我們可以如何自我訓練迭代的能力、或落實迭代的做法呢？容我再以我最熟悉的桌遊來作比喻。

當你初次玩桌遊，是如何逐步精進自己的遊戲策略呢？第一步最實際、有效的做法，當然就是自己下場玩囉！在第一回合嘗試錯誤，然後修正、再出發，愈玩愈有心得。這種遊戲策略的迭代方式，就是「親身實驗」。

第二種方法，則是「看別人玩」，透過觀察他人用了哪些好的策略，找出他人獲勝的方法，「見賢思齊」，通常這樣付出的成本，可能比自己下場實驗更低。

第三種方法，則類似某種「個案討論」。就像桌遊結束後，大家多會展開討論及分享，有時是玩家自己討論，有時是老師引導。又譬如圍棋有所謂的「覆盤」，亦即在對弈結束後，雙方將對弈過程中的所有落子按順序重複擺一次，並互相討論、精進棋藝。在這些討論中，往往許多新的策略，又在眾人的腦力激盪以及經驗傳承中於焉誕生。

並且，迭代的概念及方法，是可以廣泛應用在生活各個層面、及商業世界的，尤其是面對你毫無經驗的事物、或是終極目標尚不明確時，迭代的概念就格外好用。

就像你開店，可能不會第一家就開成「旗艦店」，而是逐步調整。因此，當年的第一家7-ELEVEN跟今天的7-ELEVEN，可能在外表及經營型態上都相距甚遠；今日散佈各個國家的麥當勞門市，也完全不像昔日第一代的麥當勞。

而當外在市場不斷變動時，迭代的做法也益形重要。沒有一種商品是可以千秋萬代不改變的，就像BMW的汽車標誌，從一九一七年迄今，就伴隨環境變遷經過五個階段的演變，包括一九一七年：寶馬標誌的誕生、一九三三年：更加沉穩、高貴的寶馬標誌、一九五三（或一九五四年）：年輕化的寶馬標誌、一九七九年：更有科技感的寶馬標誌、二〇〇七年：現代化的寶馬標誌。

即使如前文提到的Apple傳奇商品iPhone，走到iPhone 8時也開始面對市場下滑的危機，積極亟思迭代創新之路。

無論是人生的累積，或是產品、經營模式的迭代，若能善用迭代能力，則每次改版就能如同蝴蝶之蛻變，愈加美麗。

my profile

劉皓小檔案

樂齡中心、社區大學 桌遊講師

國中小桌上遊戲課程 老師

希望樹 168 號桌遊讀書會 導引人

勞動部產投計畫桌遊課程 講師

桌遊教育學院 約聘講師

輔仁大學桌上遊戲社 創社發起人

成功企圖心

王韋方

王韋方成功企圖心金鑰

成功者永遠知道下一步要做什麼：成功是一種觀念，成功是一種思想，成功是一種心態，成功是一種習慣。

成功企圖心是找回初心：成功者最不易失去的是動力，最要提升的是心境，最難培養的是革命情感！

我現在勵活課程設計中心擔任課程規劃師，協助所有講師夥伴們進行課程規劃及個人品牌行銷。

會起心動念想進入講師領域，正是因為回顧我的人生，就是在幾位至為重要導師的啟蒙下，逐漸理出自己的人生方向、及成功方程式，才能走到今天。

方向不對，努力白費——人的一生，最難的不是奮鬥，而是抉擇。

一千次的努力，比不過一次正確的抉擇；一次正確的抉擇，勝過一萬次的努力；一次錯誤的選擇，不管千百萬次的努力，一切歸零。

想要經營成功的人生，抉擇比僅是埋頭奮鬥更加重要！以我自己來說，家業是做婚紗攝影，大學就讀於開南大學觀光暨餐飲旅館管理學系，大三時到晶華酒店實習完之後，決定攻讀專案管理（Project Management Professional，PMP）碩士學分，也考取證照。

就在大四那年，一場演講讓我接觸安麗的超凡體系，一次生涯規劃改變了我的觀念及想法。

記得當初的推薦人蔡進盛先生說了一段話：「前輩就是前途，端出去的是美味佳餚，端走的是自己的青春年華，人生要愈過愈圓滿。」透過貴人安麗鑽石直系直銷商洪啟恩、陳曉媚夫婦的幫助，我在四年內做到安麗直系直銷商，準備出國進行海外旅遊。

安麗超凡體系對我最大的影響，是顛覆了我對教育的看法。直銷泰斗陳婉芬老師形容得非常好：「命運轉折在你遇到什麼樣的人，聽到什麼樣的話，參加了什麼樣的演講改變想法。」人的一生，不在於過去曾經的輝煌，而是在重要時刻聽懂了什麼，並適時掌握住影響命運的轉捩點。

而我的座右銘則是：「卓越的傳統可以繼承，輝煌的成就要自己打造。」過去我可以過好的生活，是因為父母的努力；但未來的成功，就要靠自己雙手打造。

課程規劃師 助人培養解決問題的能力

二〇一五年，我到一家課程規劃經紀公司上班，這經歷就像是小白兔誤闖大叢林，扎得滿身荊棘，才學到教訓。職場如戰場，往往要同時應付上頭來兵、左右同輩的暗箭以及下屬的毒針篡位。

那時的我，對課程規劃有相當大的熱情，常被先生峻豪虧是工作狂，下班還把工作偷偷帶回家，LINE 訊息不得有紅色的未讀訊息……。但，努力與薪資總是不成正比。

想到初進入職場時前輩的一句忠告：「人生就是夾著尾巴好好混著」。沒人願意拿自己的人生插科打諢，但如果這工作已經看到盡頭，且並不是自己想要追求的，怎麼辦？

正迷惘於是否要全職作安麗、還是要轉換跑道的我，在一次與趙祺翔老師課程上的互動中，受到飯局邀約。在飯局中我認識了黃聰濱老師，也在他的盛情邀約下決定轉換環境，來到勵活這個「變形蟲組織」。勵活沒有老闆，只有意見領袖；沒有公司，只有平台；沒有員工，只有合作夥伴，讓「變形蟲」得以自由發揮。

而我與先生峻豪之所以成為課程規劃師與講師，就是覺得自己原本的行業可以做得好，這份工作一定也可以做得很好。這樣不僅是自己的生活上軌道了，還能成就別人，也讓自己更成功，能助人而非求人。

對我來說，課程規劃師是服務業，更是經驗累積的事業。經驗累積的智慧是飛向天際的一雙翅膀，學問與理論只能解答問題，實務經驗卻能解決難題。但要培養解決問題的能力，唯有透過學習。

成功定義因人而異 先找到你的渴望

談「成功」，我認為需要先界定它的定義。人的一生，在每個階段對於成功的定義，容或不同。要先決定自己現階段的目標，而目標完成，就算是一種成功。

其實每個人都有成功企圖心，只是每個人對於成功的定義不一樣。比如為了成功地拿到全勤獎，我願意早起上班，這也是一種成功企圖心。

而人們是如何找到成功的「目標」呢？我認為，成功的欲念，必是來自於有成功的「範本」、或「畫面」，它可能是某種生活方式，或是某種行為習慣，因為這範本令我們心生羨慕，進而想要仿效追求。

「想不想成功？」，你問每個人，大概十有八九都會說「yes」吧？理論上來說，的確人都會希望未來變得更好，沒有人出生是規劃自己人生失敗的，或是買樂透時覺得自己一定不會中。

但在現實中，「八十／二十法則」卻非常明顯，那八十％尚未成功的人，就是因為滿足於現狀，所以對成功的渴望度愈加薄弱。像是許多一九九〇年後出生的年輕人，現在有個形容詞稱之為「佛系青年」，對世事抱持隨緣的態度，沉浸在自己的「小確幸」中，對於未來的渴望不高。

不要陷入視野狹小的佛系人生

常聽到一句話說，「夢想千萬里，屁股老是在家裡。」許多現代人足不出戶，家就是你的世界，依靠線上交友、線上訂餐訂票、線上蝦皮拍賣，可以做完日常生活九十九%的事情，卻忘記走出家門看看外面的世界。如此，你人生的視野就是這麼窄小了！

成功是一種觀念，成功是一種思想，成功是一種心態，成功是一種習慣。

成功真地沒有什麼大道理，它是一種習慣。為什麼這麼多人沒有成功？只是因為不相信。所以，如果不要讓自己這麼容易放棄夢想，半途而廢，不妨試試找到一些可即刻即行、即有回報的事情，當每次的即時回報都能夠滿足你的想望，下一次你就有信心設定更大的目標了。

所以對這樣的朋友，如果你問他想不想成功，或許他會回答，「那對我太遙遠了！問我下個月想規劃去哪裡旅遊，比較實在。」也正因為多數年輕人對成功懷抱隨緣的心態，換句話說，只要我們有明確的目標去規劃自己定義的成功，比別人稍有企圖心，自然就比他人更有競爭力了。

成功者永遠知道下一步要做什麼

太陽和星星的亮度不一樣，到底自己發光發熱的熱度是太陽、或是星星等級，全看自己的定位。定位不同，結局絕對不同，因為「定位決定地位」。

沒有定位等於沒有目標，如同不知道目的地而四處遊蕩的計程車。而且目標愈大、夢想愈大，就愈不容易被挫敗打垮。

小明已經三十幾歲還娶不到老婆，他聽說有一個很厲害的媒婆，不管怎樣條件的人，都可以媒合成功。

他找到媒婆，希望媒婆幫他找到一個理想的對象，媒婆問到：「那你喜歡怎樣的女孩子？」小明說：「我喜歡長長的頭髮，大大的眼睛，尖尖的鼻子，小小的嘴巴。」媒婆一邊筆記一邊問到：「那身高呢？」小明一愣：「身高我沒什麼概念，就一百五、一百六吧。」媒婆問完後說：「沒問題，三天內幫你找到理想的對象。

三天後媒婆安排相親，結束後小明把媒婆拉到一邊說：「媒婆，你找的這個對象什麼都很好，頭髮長，眼睛大，鼻子尖，嘴巴小，但怎麼走起路來有一點跛？」媒婆說道：「不是你說的嗎？你希望身高一百五、一百六，她天生長短腳，不就一邊一百五，一邊一百六嗎？」

哈哈！笑話歸笑話，我只是想說明，目標愈明確，就愈能產生努力的動力。

邁向成功的步驟，從「想要」到「有強烈意志」、到設定目標、擬訂計畫、到付諸行動、持續不輟、到實現成功，包括目標→計畫→行動→堅持，每個步驟缺一不可，但最最重要的莫過於確立明確的目標。因為方向不對，努力白費。

飛機從起點到終點的位置是不變的，而在空中有九十三%的航向可不斷修正。

雖然每個人成功的目標不盡相同，但可以確定的是，一個人的成就不會大於他的夢想，而夢想來自於你的所見所聞。只有找到自己的人生目標，之後所有的計畫才會不斷地展開與修正，最後只剩下自己的努力與堅持到底。

所以，要如何讓一個平凡的人成功呢？就是鼓勵他擴充所見所聞，然後盡力啟發他的夢想。我相信人必有其追尋，重點是找出自己為何而忙。

妨礙成功的三大障礙

而多數人有了目標、卻無法順利踏上成功之路，我認為通常來自於三大阻礙：自我設限、別人的意見、與不願意改變。

一、自我設限

在一座監獄裡，典獄長做了一個實驗，有一天他把全監獄的犯人召集起來，宣布今天會抽出一個人特赦釋放，但沒有一個人興奮，因為總覺得好事不會發生在自己身上；典獄長隨即又宣布一件事情，今天將會槍斃一個犯人，所以人開始躁動了，因為每個人都覺得被槍斃的會是自己。

人往往會因為自己過往不好的經驗，局限了未來的發展。失敗者最常說的三個字，叫做「不可能」。但是「不可能」的「不」字只佔了三分之一，如果把「不」拿掉，什麼都是有可能的，只要你願意嘗試。

再分享一個故事，科學家作過一個有趣的試驗：他們把跳蚤放在桌子上，跳蚤迅速跳起，跳起高度均在其身高的一百倍以上，堪稱世界上跳得最高的動物！

然後在跳蚤頭上罩一個玻璃罩，再讓牠跳：這一次跳蚤碰到了玻璃罩。連續多次後，跳蚤改變了起跳高度以適應環境，每次跳躍總保持在罩頂以下高度。

這時如果把玻璃罩拿開，跳蚤會滿足本身跳的慾望，但是每次跳躍還是保持在罩頂以下高度。跳蚤並非它已喪失了跳躍的能力，而是由一次次受挫經驗學乖了，習慣了，麻木了。

最可悲之處就在於，實際上的玻璃罩已經不存在，牠卻連「再試一次跳高」的勇氣都沒有。這玻璃罩也罩在你我的潛意識裡，罩住了心靈上想行動的欲望。

二、別人的意見

在昆蟲界有一種蜜蜂，科學家發現，牠的身體非常大，翅膀非常小，不管用物理學、流體力學、生物學的演算，牠都不可能飛起來。於是科學家得出一個結論，這種蜜蜂會飛是因為……牠們聽不懂人話，所以沒受到影響。

有多少原本可以展翅高飛的人，只因為別人一句「你不可能的」，從此消聲匿跡。

如果你去觀察裝著螃蟹的籠子，會發現很多商人不用蓋子。因為當有其中一隻螃蟹想要爬出籠子的時候，就會有更多螃蟹把牠拉下來，於是在互相拉扯中，也失去了對未來的希望。

三、不願意改變

曾經有一位乞丐，整天靠乞討維生。有一天上帝出現在他面前，說：「我可以幫你實現一個願望」。乞丐說：「上帝您真是太仁慈了，我希望你可以給我一千元。」上帝問：「你拿一千元想做什麼呢？」乞丐說：「我可以去買一支二手的手機打電話，問人去哪裡乞討比較快？」

上帝又說：「那這樣好了，如果我給你一萬元呢？」乞丐說：「上帝您真是太仁慈了，如果我有一萬，我要去買一台二手摩托車，這樣我就可以騎車到處去乞討了。」

最後上帝說：「那這樣吧，我給你一百萬元呢！你會怎麼做？」乞丐自信地回答：「如果我有一百萬，我要開公司！！」上帝欣慰地說：「你終於不想當乞丐了嗎？」乞丐回答：「當然不是，我要開公司雇用打手，把別的乞丐趕走，自己一個人乞討個夠。」

裝睡的人叫不醒，何況是不願意醒過來的人。一個人不願意改變，哪怕機會來臨，貴人相助，也永遠與成功絕緣。

相信，造就成功者的心理素質

最難找回的是初心，最容易失去的是動力，最難提升的是心境，最難培養的是革命情感。

一位母親帶著很小的孩子去找世界最著名的跳高教練，教練一開始就放了一個看似孩子不可能跳過的高度，母親正要提問的時候，教練告訴母親，「一個最傑出的跳高選手，不是學習跳多高的技巧，而是在面對困難時，心要先跳過橫桿。」

這故事也有兩重寓意，成功者會說：「雖然很困難，但它是可能的」；失敗者卻說：「那是可能的，但它太困難。」

沒有驚濤駭浪，怎能看出舵手的腕力？沒有崎嶇不平的山路，怎能看出駕駛的技術？相信者看到的是道路，懷疑者看到的則是困難。

成功企圖心 須要不斷被提醒

我們都知道培養「成功企圖心」很重要，但要讓這渴望一直維持強度，真地不容易！

想想，如果眼前放著兩百萬，跟身後有兩隻老虎追著你，你覺得哪一種狀況會讓你跑得最快？人想逃離痛苦的速度，往往比追求幸福來得快，可惜我們不常遇到真正讓我們痛苦到想改變現狀的處境。

一位年輕人想要追求成功之道，他聽說某處住著一名有智慧的智者深諳成功之道。因此，他很想去尋訪這位傳說中的智者。費盡千辛萬苦，他終於找到了智者。

年輕人：「智者，您可不可以教我如何做，或是具備什麼樣的條件才能成功？」智者：「你想成功嗎？那跟著我走。」智者說完之後，也不理會年輕人的反應，逕自朝著海邊走去，而年輕人自然是緊緊尾隨在後。

一直走著、走著，智者竟引導年輕人走進海裡，愈往前走水愈深，已經淹到胸部了，眼看著再走下去就要滅頂。突然間，智者將年輕人的頭用力按壓入水面下，年輕人奮力地掙扎，急於跳脫，可是智者一點也不鬆手。

約莫過了一分鐘，智者才把手鬆開。年輕人立即跳出水面，深深地吸了好幾口氣。「老傢伙，你想淹死我呀？」年輕人咆哮道。

「如果你渴望成功的意志，能夠像你剛剛想呼吸般強烈的話，你就已邁向成功之路了，」智者回答。

當你的成功意願有像溺水時想呼吸那樣的動力，那你一定會成功。人不需要常常被教育，但需要常常被提醒。多去結交一些良師益友，讓他們常常提醒你成功的動力跟理由，相信會比你自己去尋找成功企圖心來得有用。

除了借助外力提醒自己，我們也要善用「羨慕」的力量，提升動機。

羨慕是一種能力。有人會說與其羨慕別人，不如做好自己；但是如果你願意看到別人的現在，你的人生因為這樣愈努力就會愈幸運，愈幸運就愈容易成功。

邁向成功的四化原則

此外，想培養成功的能力，我建議朝以下「四化」來努力。

一、思想單純化

所謂單純賺大錢，複雜賺小錢；複雜的事情簡單化，簡單的事情重複做，定位清楚，設定目標明確，快樂和富有自然隨之而來。

還有一種說法是，人不容易重複一件情，是因為心中有包袱。所以，心態歸零，輕裝上陣，才會愈容易相信。因為相信才愈會去做，因為會做才容易成事。

二、目標視覺化

前面說過，良師益友會提升你的動力。但平常我們可以透過一些短、中、長期的目標視覺化，加深自己的成功企圖心。

比如去看看一台自己夢想中的車、房子、旅遊景點，或者把想要的東西印下來，貼在生活中隨處可見的地方。因為目標視覺化，的確可以在潛移默化中增加自己的成功企圖心。

三、數字明確化

比如明天過年要包多少紅包給爸媽，它可以是一個數值，你不一定要這個月就達成你的夢想，但是設定有時間性的目標，就是夢想成功的開始。

記得目標要刻在鋼板上，刻意練習直到有信心為止，就像李小龍的名言：「我不怕遇到練習過一萬種腿法的對手，但害怕遇到只將一種腿法練習一萬次的強敵。」刻意練習，必有所成。

四、行動積極化

「遇到問題我很快樂」，這就是積極的表現。知識透過行動才有力量，積極行動才能創造價值，而行動能帶來快樂。所以，去做就對了！

人生不一定是贏在起跑點，但是可以贏在轉捩點。

我常勸對於人生得過且過的朋友，不要等到破產才學理財，不要等到離婚才學兩性溝通，預見問題，才能遇見未來。

成功的定義因人而異，但成功的速度來自於相信。「知道」沒有力量，「相信」才有力量。知道而不去做，等於不知道；做了沒結果，也等於沒做。因為所有一切你想要的結果，都在你不想要的改變裡。

突破思維盲點，找到自己成功的驅動器，然後堅持行動，你必能掌握自己的人生。

總之，成功企圖心可以說人人都有，但你必須找出自己的渴望，那是你成功的驅動器，並訂立明確的目標，突破妨礙成功的思維盲點，然後堅持行動，就必能掌握自己的人生。

my profile

王韋方小檔案

Livewell 勵活文化事業 課程規劃師／講師

台灣愛情海老麥婚紗展場 銷售專員

YES I DO 婚品坊 策劃人

ARTISTRY 美容 創業講師

星光大道婚禮攝影 新秘助理

TESL 台灣電競聯盟 職涯規劃講師

線上桌上遊戲 講師

思辨能力

陳志欣

陳志欣的思辨能力金鑰

用孩子的角度看世界，用思辨的能力看事情。

很年輕就成為生涯教練的我，從不認為人生閱歷一定與年紀呈正相關；反之，我覺得個人的思辨能力，才是決定一個人成熟度的主要關鍵。

回顧我的生涯路徑，有些曲折，但每一段歷程，都帶給我不同的學習。

初入社會的我，曾經歷一段迷惘期。大學時代念的是休閒運動保健系，涉及的領域廣泛。簡言之，也較難在廣泛之中找到明確的工作方向。

初入職場 心高氣傲被磨到有工作就好

大學畢業後，我跑去應徵海豚訓練師。記得術科考的是游泳，其中最難的一項，是在有一定深度的泳池中徒手潛水。這對於從小沒什麼機會游泳的我，著實不容易，只記得當時我把頭放進水裡，拚了命地向下潛，但潛到大約兩米就沒氣了。

不甘心的我當場要求，「再給我一次機會！」然後再次嘗試深潛，卻仍然功敗垂成。沮喪的我，想說沒機會了，誰知幾天後卻接到通知，我錄取了！

這次的錄取經驗，讓我學會兩件事。第一是，企圖心很重要。事後才知道，原來那次考試，沒有人能達到深潛標準，而只有我，是現場唯一提出要求「再試一次」的人。就是這多出來的一點「企圖心」，讓我得到這個機會。

第二件事是，新鮮人找工作被問到「希望待遇」時，絕不能呆呆地「一切依公司規定」，還是爭取「面議」比較有調整空間。當時，「依公司規定」我的薪水就是一個月二萬四千元，遠遠低於我對於「海豚訓練師」這份工作的核薪認知，加上離家遠，想想還是決定推掉了。

之後我改找「運動行銷」相關的工作，但眼高手低的我，總有千百個理由拒絕上門的機會。八、九個月過去了，我的自信心也逐漸跌至谷底，只能拋下所有預設立場，「先求有，再求好。」

那時職訓局有個「短期促進就業計畫」釋出為期半年的短期工作，我順利考進去。當時共同入選的四個人，有教務、總務、人事室可選，我被分配到人事室，事後才知道我是被人「挑剩的」，只因我一頭亞麻黃色的頭髮，被長官們認定「看起來不好管」！這發現，也令向來心高氣傲的我頗感挫敗！

進入人事室後，我首先被派到塵封許久、霉味撲鼻的檔案庫，好強的我一個月就整理完畢，接著回到辦公室支援類似員工旅遊的活動。我將在學校學的體驗式教學手法帶入活動，成效引起了長官的注意，於是一做就是三個梯次。

這時發生一個小插曲，讓我獲得人生第一次升遷。活動那天回到辦公室才四點多，長官吩咐：「大家辛苦了，沒事可提早回家」；但我想到，長官之前曾再三叮囑過，「人事室絕對不可以鬧空城」。

當兩個命令相互牴觸，該如何是好？兩相權衡下，我決定還是鎮守到六點再離開辦公室。只見當長官回來看見我時，嚇了一大跳，「怎麼辦公室還有人？」還嘲笑我笨！

但，也正是這一次的「笨」表現，在隔天讓我的任期由半年延長為一年，成為Career就業情報的派遣人員，月薪瞬時提高了近八千元。

這次的經驗讓我學會，判斷許多事情時，就是為所應為，其實不必過度揣測老闆的心思。

時任Career最年輕職涯顧問

後來在工作中知道Career就業情報有職涯顧問的培訓課程，讓我非常心動。自覺自己從小表達能力很強，我想，我應該找一份可以「靠嘴吃飯」、並且「隨著年齡增長而愈有價值」的職業，而職涯顧問不就是這樣的工作嗎？

話雖如此，以課程開出的年資要求看來，大學剛畢業的我是完全不合資格的；加上學費實在不便宜，我只好從親友中詢找資助學費的「信心投資者」，也在家人朋友的幫忙下，順利達到資金募得的目標，至於培訓資格不符的問題，就抱持著失敗也無妨的心態，姑且一試。

所幸就業情報非常願意給人機會，我因此開始了長達半年的培訓、試訓過程，並在二〇一〇年取得職涯顧問的認證，迄今九年多。從一個求職路上的挫敗者，到年紀輕輕成為顧問，我自問這其間累積的生命厚度，不下於他人。

年紀輕，或許對於這個職業的刻板印象是極度衝突，不免會得到一些「特殊對待」，像是某次受邀去某國立大學演講，現場主辦單位主管在一陣寒暄後，竟以「非常合理的理由」就先離席，順帶將原本場地協助人員都一併帶走，留下我一人面到百位學生聽眾。

面對困境可以選擇歸責於他人，或是化悲憤為力量，而我選擇後者。也因此，執業一段時間後，我收到美好的果實－與一位五十幾歲、在中國擔任了二十年廠長的高階菁英做一對一的諮詢，對方最後對我的專業感到折服！

或許在演講、授課前，你會質疑我的年紀；但不服輸的我，一定要讓你在之後肯定我的專業，且對我的表現感到驚艷！

行文至此，親愛的讀者，您心中是否有個小聲音：「講者的這些經歷，與我或是這個主題有什麼關聯？」如果您心中產生這樣的困惑，恭喜您，您剛才已經歷了一段「思辨能力」的應用過程！

自許非典型講師 力求創新另闢蹊徑

除了認真、不服輸，作為講師，我自恃的另一特質，就是思辨能力。

對我來說，思辨力代表著對於事物能否看得透徹，並且常能抱持質疑、懷疑的態度，去挑戰既有思維。

不流於表象，直達事件的核心。就像看到很多學員寫自傳，仍習慣一開始就從出生、家庭談起，換位思考，如果你是看到這份自傳的人，你會感到興趣嗎？讀你自傳的人，他從核心面真正想知道的是：「請問你為什麼適合這個職缺？」因此你必須表達出「我有什麼條件？」「我能提供何種價值？」不如先假設它是一本書，如何在一開頭就吸引讀者的興趣？然後透過一層層的自我解析，讓閱讀者深入認識你這個人。

我的思辨訓練，來自於大一時的特殊經驗。那時在因緣際會下跟隨教授作政府衛生福利部委託的研究案，教授帶領我們作文獻的探討、提企畫。三年的思辨與表達訓練，讓我在大一就完成論文，隨即到夏威夷登台作報告。

現在，作為一位半途出家的「非典型講師」，我的教學不太受框架限制，也討厭一堂課採用同一套教學手法行走天下，總是在嘗試自己過去沒試過的方法。在「翻轉教育」、「體驗式教學」這些名詞都還未曾出現的多年前，我就自我摸索出一套「玩轉教育」的教學法，想要找出更有效的學習方式。

像是最近我們團隊共同做了一套「撩妹語錄」的卡片，就是因為談工作態度或職場倫理的課程，是很嚴肅的主題；但愈是嚴肅的課題，我們就愈想用詼諧的方式來表達，於是思考，有無可能將時下年輕人流行的「撩妹語錄」，與「工作態度」作結合？

努力蒐集語錄，然後嘗試將它們與我要闡述的主題作結合，譬如，「我一點都不想你，一點半再想。」這句話背後可以連結的態度是：「處事的柔軟性、知其變通」；牛頓的「萬有引力，讓我們彼此吸引。」這句話背後可以連結的態度是：「團隊精神」；「我發現你不適合談戀愛，適合直接結婚。」這句話背後可以連結的態度是：「積極主動」。

用流行的撩妹小語連結各種工作態度，這樣對大專院校的學生來談職場態度，會不會更有高反差、更能吸引學生的好奇心呢？

思辨三元素 提問為先

思辨能力，又稱「批判性思考〈critical thinking〉」，是指能夠從不同角度去看一件事情，理性地分析問題和資訊，擁有判斷是非對錯的能力。

我喜歡引用國內的一個網站名稱「Qritica」來談這件事，這個字義內含三重涵義，代表了思辨能力的三元素——提問、思辨、回應，而其中，「提問〈question〉」是走在最前面的。

一般人多半是以「傾聽」為先，畢竟現在傾聽是「顯學」；問題是，多數人的表達能力未必足夠，尤其在初次表達時，很多東西是說不出來、也講不清楚的。

我深信，「一個好的提問，可以創造一個好的對話」。在一個演講場合中，我曾請問某知名主播，如何在短短十五秒中作出「無負評」的發問，讓受訪者敞開心房暢所欲言？從他的經驗更能印證，好的問題，可以引導對方的思維朝向你所想要的方向；而擅長提問，你就能從對方身上挖掘出對你來說最有效的資訊。

欠缺思辨　將失去解決問題的方向感

以前的年代是資訊短缺的年代，現今不然，網路資訊爆炸，假新聞、似是而非的觀點滿天飛。當資訊垂手可得，假設沒有區辨真假、建立獨立觀點的能力，人們會輕易被接收到的資訊誤導。

一個人若欠缺自我思辨能力，則終日隨著風向球，被帶著跑來跑去，離世界的真相愈來愈遠，搞不清自己的定位、方向在哪；遇到事情，也只能單方面地接受指令，不懂得從多元角度思考想出解決問題的更佳方法。

思辨能力對於個人重要，對於團隊管理，更加重要！舉例來說，我曾接到某餐廳集團邀請去作員工教育訓練，老闆覺得企業員工在內外場溝通配合這件事上還有進步空間，因此提出溝通表達能力作為培訓主軸。

為了這課程，我陸續作過幾次現場觀察，想了解這家餐廳服務過程中的細節，但在透過對員工的行為作了一些連續提問後，我有了不一樣的感受。

我發現這些員工的問題，可能不在於溝通表達能力，而是根本的工作心態問題，因此他們最需要的課程「表面上」或許是溝通技巧的強化，但更多的可能則是價值觀引導、觀念調整。

會這麼判斷，是因為餐廳員工平均年齡不到二十五歲，許多人是從十七、八歲就當學徒做起。當他們十七歲時初入行，什麼都不懂，內外場主管之於他們，是如同「神」一般的存在；但當年紀漸長，專業技藝愈見嫻熟，似乎從技法面看來，他們與主管之間的距離也縮短了，逐漸自滿，不自覺間失去謙虛學習的心態。

我發覺這些員工的內心世界是封閉的，也拒絕再度學習，他們對於眼前的待遇感覺滿足，卻沒有動力向上提升。

這就是我認為思辨能力重要之處，有思辨能力的人，能穿越問題的表象，直達事件的核心；而具備思辨能力的管理者就能看見，員工外在表現欠佳，有可能往深處看是他內在的期望、感受未被照顧到。

因此我建議該單位，採取一些行動去增強員工的工作動機，透過提問、傾聽、及回應，挖掘他們潛在的渴望，引導他們去追求成就感。就像員工們很喜歡上網分享生活大小事，背後的動機是引發更多人的關注及肯定，那麼餐廳可以每月舉辦最佳服務人員的票選活動，讓服務優良的同仁得到大眾的注目，提升他們的榮譽感。

薩提爾的冰山對話 引導我們看見更多可能

現代人接收的資訊極廣，卻也容易被媒體及網路社群左右個人思維，人云亦云，甚至將錯就錯。之所以會造成這種結果，我用「內憂」、「外患」兩種原因來解釋。

「內憂」指的是我們從小的教育養成過程，學校教育教我們凡事追求「標準答案」，信服師長或課本的權威，卻沒教我們對事物提出合理的質疑及挑戰。

「外患」則是指整個主流媒體掌握在既得利益者的手中，只為特定政黨、意識形態或財團發聲，當然它們所呈現的所謂「事實」，或許只是片面、破碎、刻意偏頗、單一面向、狹隘的資訊。

正因為我們多半都是台灣傳統教育下的產物，習慣於「標準答案」式的思考，要追求所謂的「獨立思辨能力」，真地不容易。

在此我想提出薩提爾的對話練習，透過提問，便能引導對方看見更多的可能。

薩提爾〈Virginia Satir〉是二十世紀最有影響力的心理師之一，也是家族治療的先驅。她於一九七二年提出「冰山」一詞，冰山是一個隱喻，每個人都是一座冰山，能被人看見的，只是冰山一角，也就是水平面以上的部分；而更大一部分，則藏在冰山的深層，就是人的內在，包括感受、期待、渴望與自我。

我們往往看不見彼此的內在，一如我們看不見水平面下的冰山，因此在人際溝通中，我們只能猜想、揣測、自以為，衝突也因而產生。要如何深入了解一個人的內在呢？薩提爾告訴我們，可以透過冰山對話，一步步探索，讓對方自己說出他的內在冰山。

發揮好奇心 探究平凡事物背後的真相

這套心理諮商經常使用的方法，極適合用來訓練我們的思辨能力。

首先，薩提爾的對話練習中很重要的一環是「好奇心」：對於探究事物背後的原因，我是否擁有足夠的好奇心？

有一個三歲的小孩，他的雙手永遠是髒兮兮的。

通常，母親看到這狀況，第一個反應就是怒斥：「還不快去洗手？」

提問：「為什麼你的手老是髒兮兮的？為什麼你不肯去洗手？」

當你提出這樣的疑問時，內心會感到好奇嗎？當你繼續提問、傾聽、及回應，就像剝洋蔥般一層一層探究下去，可能會發現，原來背後隱藏著一個悲傷的故事！

原來孩子的父母非常忙碌，平日鮮少陪伴他；內心寂寞的孩子，希望得到父母多一些的關注，他發現只有手髒髒的時候，媽媽才會注意到他，所以不自覺地就常刻意把自己搞髒，讓爸媽看見他……。

表面愈是顯得平凡無奇的事物，愈要逼著自己嘗試去提問，這是日常生活中一種很好的練習，而且機會無所不在。

沒有一件事是「理所當然」的！在街上看到一對七十歲的老夫妻，手牽著手，即使是面對這樣平凡的場景，不妨試著在內心提問：「當爺爺牽著奶奶的手，他是出於什麼樣的心態？而奶奶讓爺爺牽著時，心中又有什麼感受呢？」說不定，背後有著你料想不到的深層原因。

發揮好奇心、培養提問的習慣之後，你可以進一步訓練自己提問的技巧。有一招非常好用，叫作「如果是我，我會……」。

「如果是我，到七十歲時會不會想牽著老伴的手走在路上？」這是一問；在路上看到一句廣告 slogan，身為行銷企畫的你也可以問自己：「如果是我，我會怎麼下這個 slogan？」提問愈多，你會發現許多事都不是如它表象所呈現，而另有其深層意涵。

練習「為反對而反對」挑戰既有思維

最後，你可以培養自我思辨的邏輯。這個談起來很複雜，建議可從觀察日常生活周遭開始，你可以建立這樣的一個儀式，將生活中觀察到的人、事、物隨手記下來，每晚吃完飯後找個可以獨處的空間，放點輕柔抒情的音樂，然後讓自己開始回想：「今天這件事，換作是我，我會怎麼處理？」，以及「為什麼他要那麼做？」並且將答案寫下來。

夜晚，正是一般人心最柔軟的時間，適合面對真實的自己。不斷在內心作自我對話，漸漸地，你會發覺自己的感性能力被啟發了，養成這種習慣，對於人心的感知、與思辨邏輯性的增強，都有很大的幫助。

在工作的場合，也有太多培養思辨邏輯能力的機會。避免任何事情都「想當然爾」，就像眼前有支筆，先從否定它原本的功能性開始，思考除了寫字之外，有無可能再為它想出另外九十九種功能呢？你也可以訓練辯論技巧，作「為反對而反對」的大腦練習，例如面對一個眾人稱頌的提案，你能否在腦中為它找出二十個反對它的理由？

看電視新聞、或是閱讀書報雜誌時，都可以常常作這些思辨邏輯的訓練：「我為何認同它的觀點？」「這說法當中存在什麼謬誤？」……

不過，一般人往往把「思辨」與「批判」、「反對」畫上等號，個人覺得這是種誤解。

「反對」，代表立場根本上是不同的，例如政黨之間的對決；「批判」，往往是帶著自己的觀點，針對不認同的地方進行反駁，最後給予建設性回饋。

而「思辨」則是不帶預設立場的，相信「世事無絕對」。它有可能只是腦中的意識活動，未必形諸於外，且目的是想要去探究事物背後更深層的原因、或是觀看一件事情的更多面向，讓我們一起「用孩子的角度看世界，用思辨的角度看事情」吧！

my profile

陳志欣小檔案

職涯顧問師／生涯教練／LearnTake 主理人

從業九年，完成萬人個案諮詢經歷，超過五百場次職業講座與課程培訓，授課諮詢足跡遍及兩岸、東南亞國家。善於分析議題，慣以提問發現個案核心狀況，藉以引導反思給予啟發。致力於「勝任力系統」建構，協助處理人才課題。

贏在勝任力

迎接 VUCA 時代的人才新戰略

作　　　者／勵活課程講師群
編輯企畫與統籌／黃聰濱、林易璁
美 術 編 輯／申朗創意
責 任 編 輯／汪永佳
企 畫 選 書 人／賈俊國

總　編　輯／賈俊國
副 總 編 輯／蘇士尹
編　　　輯／高懿萩
行 銷 企 畫／張莉滎．廖可筠．蕭羽猜

發　行　人／何飛鵬
法 律 顧 問／元禾法律事務所王子文律師
出　　　版／布克文化出版事業部
台北市中山區民生東路二段 141 號 8 樓
電話：(02)2500-7008 傳真：(02)2502-7676
Email：sbooker.service@cite.com.tw
發　　　行／英屬蓋曼群島商家庭傳媒股份有限公司城邦分公司
台北市中山區民生東路二段 141 號 2 樓
書虫客服服務專線：(02)2500-7718；2500-7719
24 小時傳真專線：(02)2500-1990；2500-1991
劃撥帳號：19863813；戶名：書虫股份有限公司
讀者服務信箱：service@readingclub.com.tw
香 港 發 行 所／城邦（香港）出版集團有限公司
香港灣仔駱克道 193 號東超商業中心 1 樓
電話：+852-2508-6231　傳真：+852-2578-9337
Email：hkcite@biznetvigator.com
馬 新 發 行 所／城邦（馬新）出版集團 Cité (M) Sdn. Bhd.
41, Jalan Radin Anum, Bandar Baru Sri Petaling,
57000 Kuala Lumpur, Malaysia
電話：+603- 9057-8822　傳真：+603- 9057-6622
Email：cite@cite.com.my
印　　　刷／卡樂彩色製版印刷有限公司
初　　　版／ 2020 年 1 月
售　　　價／ 350 元
I　S　B　N ／ 978-986-5405-33-5

城邦讀書花園 www.cite.com.tw　布克文化 WWW.SBOOKER.COM.TW